龙岩学院"奇迈书系"出版基金项目
福建省教育厅中青年一般项目(JAT160486)
龙岩学院国家基金培育项目(LG2014016)
龙岩学院博士科研启动基金项目(LB2014009)

矿山地质灾害与防治

王沙沙　著

中国矿业大学出版社
·徐州·

内 容 提 要

对于矿山地质灾害与防治的研究就显得尤为重要,借此尽量减少甚至避免地质灾害对人民生命财产造成的损失,同时对维护社会稳定、保护生态环境、促进社会经济的可持续发展具有重要的现实意义。

全书主要分为两大部分,第一部分包括第 1 章和第 2 章,对矿山地质灾害的概念、分类、产生的原因以及开矿对矿山地质环境造成的破坏等方面进行阐述。第二部分从第 3 章到第 7 章,具体介绍了几大矿山地质灾害及其防治技术,分别为冒顶片帮地质灾害及其防治、深部岩爆地质灾害及其防治、地面塌陷、地裂缝地质灾害及其防治、井下突水地质灾害及其防治、泥石流地质灾害及其防治。

图书在版编目(C I P)数据

矿山地质灾害与防治 / 王沙沙著. —徐州:中国
矿业大学出版社,2019.7
ISBN 978-7-5646-4510-6

Ⅰ.①矿…　Ⅱ.①王…　Ⅲ.①矿山地质-地质灾害-
灾害防治　Ⅳ.①TD1

中国版本图书馆 CIP 数据核字(2019)第152374号

书　　　名	矿山地质灾害与防治
著　　　者	王沙沙
责任编辑	于世连　陈振斌
责任校对	张海平
出版发行	中国矿业大学出版社有限责任公司
	(江苏省徐州市解放南路　邮编221008)
营销热线	(0516)83885370　83884103
出版服务	(0516)83995789　83884920
网　　　址	http://www.cumtp.com　E-mail:cumtpvip@cumtp.com
印　　　刷	徐州中矿大印发科技有限公司
开　　　本	787 mm×1092 mm　1/16　**印张** 9　**字数** 230 千字
版次印次	2019 年 7 月第 1 版　2019 年 7 月第 1 次印刷
定　　　价	40.00 元

(图书出现印装质量问题,本社负责调换)

前　言

我国是世界上矿产资源较为丰富的国家之一。多年的资源开发为促进我国社会经济发展做出了巨大的贡献,但与此同时造成了矿山产生了大面积的采空区,引发了地面塌陷、地裂缝、崩塌、滑坡、泥石流等地质灾害,并且破坏了地形地貌景观、土地资源和水资源,严重制约了区域经济和社会的可持续发展。对于矿山地质灾害与防治的研究就显得尤为重要。减少甚至避免地质灾害对人民生命财产造成损失,对维护社会稳定、保护生态环境、促进社会和经济的可持续发展具有重要的现实意义。

本书主要介绍了矿山地质灾害的概念、分类、产生的原因以及开矿对矿山地质环境造成的破坏等方面;具体介绍了几大矿山地质灾害及其防治技术,分别为冒顶片帮地质灾害及其防治、深部岩爆地质灾害及其防治、地面塌陷、地裂缝地质灾害及其防治、井下突水地质灾害及其防治、泥石流地质灾害及其防治。

在本书编写过程中,得到了许多专家、学者的协助与支持,在此向他们致以诚挚的感谢。本书引用了许多专家、学者的研究成果,在此表示衷心的感谢!

由于作者水平有限,书中难免出现疏漏和不足之处,请读者批评指正。

作　者
2019 年 6 月

目　　录

第1章　矿山地质灾害概述

1.1　矿山地质灾害分类

地质灾害既是经济问题，又是社会问题。矿山地质灾害是广义地质灾害的一种，对资源、环境的破坏作用和社会影响正日趋严重，已不容忽视。

矿山地质灾害是指由于人类采矿生产活动而引发的一种破坏地质环境、危及生命财产安全，并带来重大经济损失的矿区灾害。矿山地质灾害是地质灾害的一个分支，也是自然灾害的重要组成部分。矿山开采开山弃石，加速水土流失，引发地表塌陷、山体滑坡；矿山抽排水造成地下水位下降、矿区周围地下水资源枯竭；地下开采诱发地震、岩爆、冒顶片帮突水、瓦斯爆炸、地面开裂及沉陷等；矿山剥离堆土、尾矿废渣堆积引起地表环境污染；露天尾矿库漏塌、排土场失稳滑移造成严重的泥石流灾害等。这均是矿山地质灾害的具体表现。我国是矿业大国，又是最大的发展中国家；我国矿产资源的年消耗量很大。多年的粗放式的矿业开发，导致大部分矿山地质环境形势严峻，部分矿区呈现加速恶化态势。社会经济的快速增长对资源的需求与日俱增。市场经济对国有矿山企业带来很大冲击，部分矿山注重追求经济效益安全和环保意识淡化加之开采技术及生产设备的相对落后及矿区周边大量无序的民采等，导致矿山多年开采积聚的灾害隐患爆发，开采环境明显恶化，矿山地质灾害问题日趋严重。潜在的致灾隐患不断增多，且随时可能发展成灾，造成人员伤亡、设备报废、设施损毁甚至矿井关闭、资源浪费等严重后果。近几年，非煤矿山的灾害事故不断，严重威胁着人民群众的生命财产安全，频发的冒顶、突水、地表塌陷、滑坡、泥石流及地裂缝等矿山地质灾害不仅给矿山企业造成巨大的经济损失，而且制约着矿山企业的可持续发展。

矿山地质灾害种类繁多。按成灾与时间的关系，其可分为突发性矿山地质灾害（如矿坑突水、瓦斯爆炸、岩爆等）和缓发性矿山地质灾害（如采空区的地面变形、环境污染等）。但最常见的是以灾害的空间分布和成因关系分类。

1.1.1　地下水位改变引起的灾害

（1）矿坑突水涌水

这是最常见的矿山灾害。矿坑突水涌水突发性强，规模大，后果严重。在生产过程中因对矿坑涌水量估计不足，采掘过程中打穿老窿，贯穿透水断层，骤遇蓄水溶洞或暗河，导致地下水或地面水大量涌入，造成井巷被淹、人员伤亡等。

（2）坑内溃沙涌泥

这是常与矿坑突水相伴而生的灾害。当采掘过程中骤遇蓄水溶洞，常见溶洞中充填的泥沙和岩屑伴随地下水一起涌入，另外一些透水断层和地裂缝常会使浅部第四纪沉积物随下漏的地表径流涌入坑内。其结果是坑道被泥沙阻塞,机器、人员被泥沙所埋,严重时甚至会使矿山遭受毁灭性的打击。

（3）环境污染

环境污染是矿山灾害的另一种重要形式。因采矿、选矿产生的"三废"物质,由于未经有效处理就被排放到江河湖海中,造成环境污染。

1.1.2　矿体内因引起的灾害

（1）瓦斯爆炸和矿坑火灾

这种灾害最常见于煤矿。由于通风不良,瓦斯积聚发生爆炸,造成井下作业人员伤亡,矿井被毁。矿坑火灾除见于煤矿外,也见于一些硫化矿床。因硫化物氧化生热,在热量聚积到一定程度时则发生自燃,引发矿山灾害。例如,有的煤矿在低下已燃烧上百年,其资源损耗量十分巨大,使当地气候发生改变,农作物和树木大量死亡,田地荒芜,环境严重恶化。

（2）地热

随着开采深度加大,地热危害不断加剧。我国已有许多矿山开采深度达到 800 m 以下。矿山因含硫量高,开采深度又大,地温非常高。矿山地热灾害导致矿工劳动环境恶劣,严重影响矿山的正常生产。

1.1.3　矿山工程岩土体变形引起的灾害

矿山工程岩土体变形引起的自然灾害是较为常见的,其中主要表现为地面塌陷、采矿边缘滑坡或者失稳、矿坑中岩爆等。而矿山工程中引起地面塌陷的主要原因大多是开采过程中的不合理开发。如果没有进行详细的地质勘察也会发生地面塌陷。特别是矿山开采时矿柱不足或者遭到破坏时会产生地面塌陷。在一些地质较为平缓的地区,发生此类现象也相对较多。而矿山开采时对于采空区如果没有进行及时的回填处理,那么经过一段时间后容易发生地面塌陷。特别是在采矿时如果不按照规范的要求进行开采,矿区的边缘就会出现滑坡现象。这种现象有着较强的破坏力。矿山资源开发完毕后,地壳运动会使矿山中的围岩发生运动变形,这样在应力的作用下围岩很容易发生爆裂,进而产生严重的地质灾害。

1.1.4　崩塌滑坡

滑坡主要发生在矿山道路两侧的高陡边坡以及矿山较陡的天然斜坡部位。而泥石流主要发生在山区,是由崩塌、恶劣环境导致的。此类型地质灾害的产生和分布直接受到矿区自然环境、矿区工程隐患区域的地质条件和人类活动方式等的多重作用影响。此类型地质灾害主要表现在采空区山体滑坡;排土场、对渣场边坡失稳或者尾矿坝垮塌等。想要稳定有效地控制矿区开采中的滑坡灾害,就要有效控制引发滑坡的各种控制因素。

1.2　矿山地质灾害特点及诱因

1.2.1　矿山地质灾害特点

我国矿山地质灾害具有以下特点。

① 种类多,分布广,影响大。据初步统计,全国因采矿引起的塌陷有近两百多处,塌陷坑上千个。全国发生采矿塌陷灾害的城市有几十个。因露天采矿、开挖和各类废渣、废石、尾矿堆置等直接破坏与侵占的土地已达数百万平方千米,并且呈逐年增加的趋势。

② 潜在灾害隐患突出。以采空区为例,广西大厂矿区、铜陵狮子山矿、白银厂坝铅锌矿、水口山铅锌矿、湖南锡矿山等都存在此类隐患。据云南有关部门预测,兰坪铅锌矿等 20 多个矿山极有可能在今后发生不同程度的滑坡、崩塌、塌陷和泥石流等地质灾害。

③ 煤炭矿山的地质灾害重于非煤矿山的,金属矿山的地质灾害重于非金属矿山的。一般煤矿规模较大,开采深度和采空区相应也大,致使地层应力失去平衡,产生地面塌陷、地裂缝或岩爆等灾害。

④ 灾害类型与矿山规模、开采方式、矿产类型及所处地域相关。一般来说。露天矿山灾害类型多为水土流失、排土场(山体)滑坡、泥石流、边坡坍塌等。地下开采受采空区影响,其灾害类型多为地面塌陷、地裂缝、冒顶、岩爆、突水、瓦斯、地表水土污染、尾矿泥石流以及矿井抽排水导致的近地表水源枯竭等。

1.2.2　矿山地质灾害诱因

矿山地质灾害诱发因素各不相同。有些是开采过程中难以避免的,如开采深度的增加,使得地应力相应增大引起冒顶、片帮、脱盘甚至岩爆等严重地压灾害;有的是开采中忽视预防或开采不规范、管理不科学导致的,如采空区不及时充填、废渣废水随意排放、水文地质及构造不了解、巷道偏离、盲目指挥、违章作业、私挖乱采等,非稳定因素积聚到一定限度引发各种灾害。

1.3　矿山地质灾害危害

依据《地质灾害防治条例》相关规定,一次性灾害造成的死亡人数在 30 人以上就为特大型地质灾害。据统计泥石流是造成人员死亡最严重的地质灾害,其次是滑坡、崩塌。严重的矿山地质灾害不仅破坏了人们的居住和生活环境,毁坏了矿区及其周边的建筑和配套设施,导致了资源浪费,恶化了矿山地质环境,而且制约了部分地区经济的可持续发展。

第2章 矿山开采对地质环境的破坏

2.1 矿山开采对地貌景观与土地资源的破坏

2.1.1 采煤对地貌景观与土地资源的破坏

煤炭生产过程中对矿区地貌景观与土地资源的破坏是一个很复杂的问题,其破坏的形式、规模和程度与一定的气候、地形、地貌、地质、水文地质以及开采煤层的赋存条件、开采规模和开采方法等诸多因素有关。

采煤对地貌景观和土地的破坏形式分为挖损、压占、沉陷和污染4种类型,其产生的原因、特征及发生范围见表 2-1。露天矿开采造成露天采场的挖损和排弃物的压占,井工矿开采造成沉陷和排弃物的压占,污染在所有矿山均有发生。

表 2-1　　　　采煤对地貌景观和土地破坏形式、原因和特征

破坏形式		产生原因	物理特征	发生范围
挖损		岩土层被剥离移走	原有土地类型消失	被剥离区域
压占		土地被外来物质压覆	原有土地类型消失	被压占区域
沉陷	下沉	地下物采空,地表连续变形	下沉盆地、积水	采空区上方
	倾斜	地下物采空,地表发生不均匀沉降	坡地(附加坡度)	采空区上方周边区
	裂缝及台阶	地表下沉时引起的拉伸变形	堑沟、裂缝	下沉范围内
	塌陷坑	地下物采空,地表出现非连续变形、断裂	漏斗状	急倾斜矿层或浅层开采区
污染		与污染物质接触	土地质量下降	矿区范围及周边

2.1.2 井工开采对地貌景观与土地资源的破坏

对于井工煤矿来说,地下煤层开采以后,采空区周围的岩体原始应力平衡状态受到破坏,因而引起围岩向采空区移动,从而使顶板和上覆岩层产生冒落、离层、裂缝和弯曲等变形和移动。随着采空区面积的扩大,岩层移动的范围也相应地增大。当采空区面积扩大到一定范围时,岩层移动向上发展到地表,使采空区上方的塌陷地表产生移动和变形,从而使地貌景观与土地资源受到破坏。

2.1.2.1　井工开采对地貌景观的破坏

采煤沉陷对地貌景观的破坏主要表现在以下 4 个方面。

（1）地面的标高、坡度和地形发生变化

这方面在平坦地区最为明显。例如,原来大面积的平坦耕地,在开采沉陷影响下可变为倾斜洼地;如果当地潜水位较高、降水量较大,则洼地积水可变为湖泊。如我国山西矿区多数地处黄土高原和山区丘陵地带,地面坡度和地形变化本来就很大,因而开采沉陷引起的标高和坡度变化对地形的影响不明显。

（2）地面出现水平或台阶状塌陷裂缝与塌陷槽

这是山区采煤普遍存在的沉陷损害之一。地表裂缝和塌陷主要影响工农业生产和基本建设对土地的利用,加大土地耕作、水土保持和地基处理的费用与难度。例如,我国山西太原西山和古交矿区的采动裂缝和槽形塌陷非常发育,特别在开采深厚比小于 80 的厚表土层地区和深厚比小于 50 的薄表土层浅部采区,塌陷和裂缝对土地造成的破坏更为严重。对沉陷裂缝若不及时填堵治理,经多年雨水冲刷,则可能形成冲沟、雨裂等地貌,使地貌变得更加支离破碎。

（3）地面出现采动崩塌和滑坡

这是山区开采沉陷产生的特殊环境问题。采动崩塌与滑坡会改变原有的地形与地貌,直接损害土地的利用价值,而且威胁人身和财产安全,因而是一种灾害性的沉陷地质环境问题。例如,我国山西太原煤气化嘉乐泉矿悬岩沟滑坡使下方小煤窑的工房被压塌,储煤场和运输道路被堵塞,上方大片耕地因发生大宽度、大落差的密集裂缝群而遭到严重破坏。

（4）采煤对地表植被的破坏

众所周知,植被的生长与气候、光照、土壤、水分、地形、地貌等多种因素有关。地下煤层开采沉陷主要使地表产生裂缝,个别较陡的坡体可能发生滑坡,因而位于裂缝和滑坡部位的植被将直接受到破坏。但这种破坏面积较小,一般占矿区采动地表面积的 1% 左右。地表开采沉陷裂缝可加速雨水和地表径流的渗漏,使地下水位降低,从而影响植被对水分和养分的吸取,影响植被的生长。特别是某些裸岩区和土层较薄的地区,由于补给条件和保水性能都很差,地表裂缝和地下水位的降低可导致植被的枯萎甚至死亡,但这种亦属个别情况。绝大部分塌陷地(滑坡除外)若能及时填堵裂缝,做好水土保持,地面植被仍能正常生长。

2.1.2.2　井工开采对土地资源的破坏

① 井工开采对土地破坏的数量以地面塌陷为主,塌陷土地面积一般要占到矿区土地破坏总面积的 97.2%～99.2%。

② 地面塌陷可使塌陷范围内的地表发生垂直沉降,一般最大沉降可达到开采厚度 60%～90%。多数矿区可采煤层总厚度为 10～20 m,主采煤层综合厚度至少为 6～8 m 及以上,因而地面塌陷区的最大垂直沉降量一般可达 3.5～7.2 m 及以上。如果地下水位较浅,或有外来水源排入,或因大气降水,就可能造成塌陷区积水而淹没土地。当矿区因地下水位较低且多为山区时,一般不会出现积水塌陷区。

③ 地面塌陷区沉降和移动不均衡,使塌陷区产生不同的附加倾斜、弯曲、裂缝甚至滑坡或崩塌,使土地本身可利用性及其附着物受到破坏。例如,耕地变得起伏不平或支离破碎,造成水、肥、土壤流失,促使土地沙化,耕作难度加大;地面建筑物、构筑物、水利、交通、电力等工农业生产设施因采煤塌陷而遭受不同程度的破坏。

2.1.3 露天开采对地貌景观与土地资源的破坏

露天开采是将煤层上的覆盖物(包括岩石和土壤)全部剥离后再采矿,因而比井工开采方法对地貌景观与土地资源的破坏更为严重。

2.1.3.1 露天开采对地貌景观的破坏

矿山开采前,采区一般多为森林、草地等自然植被覆盖的山体。露天矿大规模开采时,通过直接搬运物质而改变地貌景观。露采使矿区土地破坏得面目全非,原有的生态环境再也不能恢复。植被和土壤盖层被剥离,固体废弃物随处可见。一方面,挖损一般在采场形成一个地表大坑;另一方面,排土场、矸石山堆垫地是露天煤矿特有的人工地貌,堆垫高度达几十米甚至上百米。开采后,矿区将构成一个新的凹坑-高丘特殊地貌类型,形成一个与周围环境完全不同甚至极不协调的外观。露天矿区生命支持系统功能的丧失,特别是植被系统的破坏,加剧了生态环境的脆弱程度和退化速度。露天矿区的生态安全受到严重威胁。

2.1.3.2 露天矿挖损对土地资源的破坏

露天开采是把煤层上表土和岩层剥离之后进行的。在露天开采过程中要大面积剥离压煤层,使大地遭到严重挖损破坏,其开挖面积和速度取决于露天矿的规模和生产能力。挖损土地分布与采煤区一致。煤田开采到何处,煤层上方土地就被挖损到何处,而且挖损范围要略大于采煤范围。挖损一般形成地表大坑,其开挖范围内原有的土地和生态环境将被彻底破坏,同时可能对周围的土地、水文、植被造成不利影响,其中最主要的是水土流失、地下水位降低和生态环境恶化。

2.1.4 固体废弃物压占对土地资源的破坏

2.1.4.1 井工开采固体废弃物压占对土地资源的破坏

井下开采的固体废弃物主要是煤矸石。煤矸石对土地资源的破坏,主要表现在煤矸石排放占用土地。井下开采的煤矸石占地面积主要取决于排矸量和堆放形式。

(1)煤矸石排放量

煤矸石的主要来源是矿井排矸和分选排矸。矿井排矸量主要取决于岩石井巷掘进量和煤层顶、底板的性质。岩石井巷掘进量大、煤层伪顶或直接顶松软、煤层底板松软,则矿井排矸量较大;反之,则较小。分选排矸量的多少主要取决于开采煤层的夹矸量和顶板状况。夹矸量越多或顶板较破碎,分选排矸越多;反之,则较少。

(2)煤矸石堆放形式

单位面积存矸量的多少与其堆放形式有关。调查研究表明,一般平地起堆的排矸场每亩存矸量大约为2万t,而山区顺坡堆放的山谷排矸场每亩存矸量一般可达近十万吨,甚至几十万吨。除一些地区的煤矿有平地起堆的排矸场以外,大多数煤矿有山谷排矸场,因而单位面积存矸量较多。

2.1.4.2 露天矿开采固体废弃物压占对土地资源的破坏

露天开采固体废弃物主要是剥离的土石方。露天开挖出来的大部分土石方需另地存放,即大量剥离物存放场(外排土场)要压占土地,其压占土地的面积取决于剥离量和堆放形式。这与井工开采时煤矸石排放场的情况相似,但土石方堆放量和占地面积将远比煤矸石的大。压占区的土地和地面附着物将被彻底掩埋而丧失,对生态环境的影响程度与外排土场的位置和剥离物本身的理化性质有关。若排土场设在山谷之内,剥离物为中性无毒的岩土,则对生态环境影响小一些。若排土场位于平地或靠近村镇,剥离物非中性或含有毒物质,则对生态环境影响较大。

2.1.5　采煤对土地破坏程度分级

煤炭生产过程中对土地的破坏主要有 3 种类型:① 用井工方法开采地下煤层时形成的采空区地表塌陷;② 用露天方法开采时的地表剥离与挖损;③ 煤矸石和其他固体废弃物压占土地,包括井下岩石工程排矸、露天矿剥离土石排放压占的土地。每种破坏形式对土地的破坏程度均不同,相应采取的恢复治理措施也会有所区分。因此,有必要对土地破坏程度进行评价。

根据《中华人民共和国土地管理法》《土地复垦规定》等,把矿区土地破坏程度评价等级数确定为 3 级标准:Ⅰ级(轻度破坏)——土地破坏轻微,基本不影响土地功能;Ⅱ级(中度破坏)——土地破坏比较严重,影响土地功能;Ⅲ级(重度破坏)——土地严重破坏,丧失原有功能。

由于挖损、压占是对原有土地类型的彻底破坏,可直接认定为重度破坏。而对井工开采沉陷土地来说,引起的破坏形式多样,情况比较复杂。采煤塌陷土地破坏程度分级标准按表 2-2 来进行评价。

表 2-2　　　　　　　　　　　　　采煤塌陷土地破坏程度分级标准

塌陷破坏等级	地表积水程度	地表裂缝状况		对土地利用影响程度
		宽度或落差/mm	裂缝间距/m	
Ⅰ级	不积水	<100	>50	填缝整治后可正常利用,产量基本不受影响
Ⅱ级	季节性积水	100~300	30~50	整治后仍可利用,产量稍有影响
Ⅲ级	常年积水	>300	<30	土地利用受到严重影响,农业减产十分明显

2.2　矿区地貌景观与土地破坏现状调查

2.2.1　调查的目的

矿区地貌景观与土地破坏现状调查就是查清矿区范围内被破坏土地的数量、破坏程度、破坏类型及其发生和发展规律。因采煤方式、地质条件、煤层赋存情况和潜水位等条件的不同,受采动影响而破坏的土地呈现出不同的破坏形态。按发生时间的先后,塌陷地可分为废弃塌陷土地、正在塌陷土地和待塌陷土地;依据沉陷状态,可分为稳定沉陷土地和不稳定沉陷土地;根据积水状况,可分为积水塌陷地和无积水塌陷地。

调查工作是由各矿山企业进行调查,分矿统计各种被破坏土地类型和破坏面积。

矿区地貌景观与土地破坏状况调查的目的是:① 以矿为单位,查清被破坏土地资源的数量、类型、破坏程度和分布状态;② 分析研究被破坏土地的发生、发展过程和趋势,以及被破坏土地的利用方向,为编制被破坏土地资源合理利用的复垦规划奠定基础。

2.2.2 调查的内容与方法

2.2.2.1 社会经济状况

包括调查区域的行政区划、人口、农村劳动力、人均耕地、村庄和居民点数目、农民收入等经济发展指标。填写煤矿（区）农村基本情况调查（见表2-3）。

表 2-3　　　　　　　　　煤矿（区）农村基本情况调查表

村名	人口总数/人	农业人口/人	区域总面积/亩	耕地面积/亩	居民点数目/个	农村人均耕地/亩	农业总产值/万元	工副业总产值/万元	人均收入/元	缺水总人数/人
合计										

填表：　　　　　　　审核：　　　　　　　　　日期：　年　月　日

2.2.2.2 矿山的生产情况及排矸量

包括矿生产规模与能力、生产开采方式、生产服务年限或剩余使用年限、矿区范围、用地规模及土地权属关系等。填写矿区职工基本情况调查（见表2-4）。

表 2-4　　　　　　　　　矿区职工基本情况调查表

井田面积/km²	职工总数/人	核定原煤矿生产能力/万t	洗净煤能力/万t	已开采煤及厚度/m	开采深度/m	采煤方法及回采率	原煤年产量/万t	累积原煤年产量/万t	累积开采面积/km²
合计									

填表：　　　　　　　审核：　　　　　　　　　日期：　年　月　日

2.2.2.3 矿区土地利用现状

主要包括土地类型、数量、质量、权属情况。重点说明耕地、园地、林地的数量和质量、主要农作物及生产情况等。

2.2.2.4 已破坏土地现状

调查矿区内已破坏土地现状。重点说明因挖损、坍塌、压占等各种原因造成的土地破坏范围、地类、面积和程度等。分别填写矿山塌陷（挖损）土地调查表（见表2-5）、职工基本情况调查表、矿山固体废弃物场地调查记录表（见表2-6）、矿山塌陷土地分类面积汇总表（见表2-7）。

表 2-5　　　　　　　　　　　矿山塌陷（挖损）土地调查表

序号		图号		地貌类型	
地名权属		利用类型			
破坏类型		破坏面积			
破坏程度		破坏时间			
土壤类型		土层厚度			
平均坡度		塌陷前亩产量		塌陷后年减产	
开采煤层与采区	初采或复采	复垦补偿费			
地表裂缝情况		地下水位及水质			
村庄与居民点情况		管线及交通设施			
权属单位对土地复垦意见		调查人对土地复垦意见			
矿山对土地复垦意见		重复采动及复垦利用情况			

填表：　　　　　　审核：　　　　　　日期：　年　月　日

表 2-6　　　　　　　　　　矿山固体废弃物场地调查记录表

序号			地类号	
地名位置		地貌类型	原利用类型	
占地面积		始堆时间	年对量/万吨	
堆积形式		相对高度	××年底堆量	
化学成分及风化程度		附近见坠物与居民点	可继续使用年限	
周围植被情况		自燃情况	对环境影响情况	
堆放处理措施		废弃物利用情况	占用土地类型及塌陷情况	
当地对废弃物利用意见		调查人对废弃物利用意见	矿山对废弃物利用意见	

填表：　　　　　　审核：　　　　　　日期：　年　月　日

表 2-7　　　　　　　　　　矿山塌陷土地分类面积汇总表

破坏类型	破坏等级	破坏面积/亩	原利用类型	类型与编号	破坏面积/亩
平川无积水塌陷地	Ⅰ级（轻度）		耕地	水浇地（012）	
	Ⅱ级（中度）			旱地（013）	
	Ⅲ级（重度）		园地	果园（021）	
	小计			其他园地（023）	

表 2-7（续）

破坏类型	破坏等级	破坏面积/亩	原利用类型	类型与编号	破坏面积/亩
丘陵无积塌陷地	Ⅰ级（轻度）		林地	有林地（031）	
	Ⅱ级（中度）			灌木林地（032）	
	Ⅲ级（重度）			其他林地（033）	
	小计		草地	天然牧草地（041）	
山地无积水塌陷地	Ⅰ级（轻度）			人工牧草地（042）	
	Ⅱ级（中度）			其他草地（043）	
	Ⅲ级（重度）		城镇村及工矿用地	城市（201）	
	小计			建制镇（201）	
积水稳定塌陷地				村庄（203）	
积水非稳定塌陷地				采矿用地（204）	
季节性积水稳定塌陷地				风景名胜及特殊用地（205）	
季节性积水非稳定塌陷地			交通运输用地	铁路（101）	
无积水稳定塌陷地合计	Ⅰ级（轻度）			公路（102）	
	Ⅱ级（中度）			其他	
	Ⅲ级（重度）		水域及水利设施用地	水库水面（113）	
	小计			其他	
无积水非稳定塌陷地合计	Ⅰ级（轻度）		其他		
	Ⅱ级（中度）				
	Ⅲ级（重度）				
	小计				
破坏程度合计	Ⅰ级（轻度）				
	Ⅱ级（中度）				
	Ⅲ级（重度）				
塌陷土地总计			塌陷土地总计		

填表：　　　　　　审核：　　　　　　　　日期：　　年　月　日

2.2.2.5　矿方因土地破坏支付的费用

主要调查矿山生产发展因土地破坏历年补偿支付的费用等，了解矿方对破坏土地采取的工程治理措施、防治现状及效果。

2.2.3　调查统计分析

2.2.3.1　分类面积汇总

分析利用类型、破坏类型、破坏程度和复垦状况，统计被破坏土地的面积并进行汇总，然后计算矿区的万吨塌陷面积、塌采比和万吨复垦费用等指标。

2.2.3.2　统计结果分析

对调查统计结果进行分析,包括分析:塌陷土地的类型及数量、破坏程度与矿区地质采矿条件的关系;固体废弃物压占土地与原煤、精煤生产量和生产条件之间的关系;塌陷与固体废弃物排放对地貌景观的影响以及土地的复垦状况和存在的问题等。

2.3　地貌景观与土地资源破坏状况预测

矿区土地恢复治理和生态恢复规划,除了解已破坏的土地状况外,还需预测在一定年限内因为采矿而将要破坏的土地情况,以便做出阶段性复垦和治理规划。

2.3.1　地表塌陷面积和破坏程度预测

2.3.1.1　概率积分法

按概率积分法预测塌陷土地面积和破坏程度的步骤和方法如下:

(1)在移动变形等值线图上圈定塌陷土地破坏界限

将概率积分法各点的计算结果展绘在平面图上,分别绘制预计范围内的下沉、倾斜、曲率和水平变形等值线图,在图上按表 2-8 所列确定采煤塌陷土地的破坏等级并确定其范围和边界。表 2-8 中的移动和变形值是参照塌陷地破坏程度分级标准(见表 2-2)确定的。

应注意的是:在确定塌陷土地破坏程度时,山区低潜水位地区应以水平变形为主,平地高潜水位地区应以下沉和水平变形为主。

(2)量算面积

破坏等级划分后,即可在井上下对照图上按破坏等级和土地的利用类型计算面积。

表 2-8　　　　　　　　　　　　地表移动变形值与塌陷土地破坏等级参照表

破坏等级	开采深厚比 H/M	地表变形值			
		下沉 W/mm	倾斜 i/(mm/m)	曲率 K/($\times 10^{-3}$/m)	水平变形 ε/(mm/m)
Ⅰ级(轻度)	＞80	＞80～100	3～20	0.2～0.5	2～10
Ⅱ级(中度)	40～80	＞500	20～40	0.5～1.5	10～20
Ⅲ级(重度)	＜80	＞1000	＞40	＞1.5	＞20

2.3.1.2　地表移动角量参数法

(1)按角量参数确定塌陷范围

按照相关公式计算并确定出采煤塌陷范围。

(2)在塌陷范围内确定土地破坏程度

塌陷范围内的土地破坏程度与盆地的区位及开采深厚比有关,也与地形条件有关。可参照图 2-1 和表 2-9 确定在塌陷范围内的土地破坏等级。

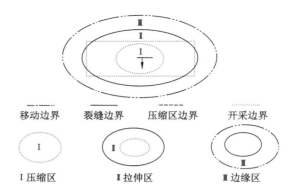

图 2-1 在煤矿塌陷区内划定破坏

表 2-9 在塌陷区内按不同区位和深厚比确定破坏等级

区位	$H/M<50$			$H/M=50\sim100$			$H/M>100$		
	平地	凸形地貌	凹形地貌	平地	凸形地貌	凹形地貌	平地	凸形地貌	凹形地貌
Ⅰ级(压缩区)	1~2	2~3	1~2	1~2	2	1	1	1~2	0~1
Ⅱ级(拉伸区)	3	3+	2	2~3	3	1~2	1~2	2~3	0~1
Ⅲ级(边缘区)	1	1	0~1	1	0~1	0	0~1	0~1	0

注:0——无塌陷;1——轻度塌陷;2——中度塌陷;3——重度塌陷;3+——采动滑坡与崩塌。

（3）量算面积

在地表塌陷范围内分别按塌陷破坏等级和土地利用类型分类进行面积汇总。

2.3.1.3 按原煤产量预测煤矿土地破坏面积

万吨塌陷面积和塌采面积比两个参数可以从煤矿区原煤开采量和地表塌陷面积实际发生量的调查结果中求取。

在土地破坏面积和实际预测过程中，如果不要求给出塌陷的具体位置，只要求预测矿区塌陷土地的面积，则可按万吨塌陷率和塌采比进行预测。这种方法是基于统计学的简易估算法。

预测采煤塌陷土地面积包含塌陷面积 F_t 和待塌陷面积 F_d。设开采面积为 F_k，则 3 者的关系可表示为

$$F_k = F_t + F_d \tag{2-1}$$

式中，F_t、F_d 和 F_k 均指水平面积（单位亩）。其中开采面积 F_k 可从采矿工程规划平面图上量取，包括矿井开拓和开采必须留设的护巷煤柱面积在内，但不包括大面积无煤区和地面建筑物保护煤柱。如无采矿工程规划平面图，则 F_k 可大致按下列公式估算：

$$F_k = \frac{T}{667hrc} \tag{2-2}$$

式中，T 为预测期规划原煤产量，单位 t；h 为上层主采煤层厚度，单位 m；r 为主采煤层容重，t/m³；c 为采区回采率。

设规划矿区的万吨塌陷率（万吨塌陷面积）为 f_w，以万吨计的原煤产量为 T_w，塌采比（塌采面积比）为 k，则塌陷面积 F_t 为

$$F_t = f_w T_w = KF_k \tag{2-3}$$

式中，万吨塌陷率的单位为亩/万吨。

已知塌陷面积 F_t，且 $F_t < F_k$（一般为非正规开采的乡镇、个体小煤矿）时，则可由下式确定待塌陷面积 F_d：

$$F_d = F_k - F_t \tag{2-4}$$

若 $F_t > F_k$（一般为正规开采的大中型以上煤矿），则 $F_d = 0$。

用万吨塌陷率或塌采比求出矿区总塌陷面积后，可根据煤矿区耕地、园地、林地、草地和未利用地等土地利用类型所占比率估测各类土地的塌陷面积。

2.3.2　露天采场挖损面积的预测

露天开挖破坏土地面积、剥离物占地面积以及煤矸石占地面积可直接按生产规划、剥采比以及排矸率和堆放形式进行预测，为一般面积或体积计算问题。若已知剥离物和煤矸石堆放的安息角（一般为 45°～60°，可由设计或现场测量求得）和可能的堆放高度（由设计或地形和排放条件确定），则通常可按各种锥形体积计算方法反求开挖面积或占地面积，也可按剥采比、排矸率和占地率大致估算开挖面积或占地面积。

2.3.3　固体废弃物压占破坏土地面积的预测

固体废弃物主要是指井工开采排放的煤矸石、露天矿挖掘外排的土石方等。固体废弃物压占土地面积的大小与排放量和堆积形式有关。

以井工开采煤矸石压占破坏土地为例说明固体废弃物压占破坏土地面积的预测方法。影响煤矸石排矸量和其他一些废弃物排放量及堆积形式甚多，不可能对各项进行分析计算，只能采用统计性经验公式进行计算。

① 煤矸石的堆放量 Q 可按排矸率 P 和利用量 g 进行估算。

$$Q = PT - g \tag{2-5}$$

式中，T 为估算期原煤总产量，单位万吨。

总的情况是大矿排矸率大，小矿排矸率小。有的小矿矸石不上井（充填采空区），则排矸量为零。

② 煤矸石占地面积 F_z 可按万吨原煤矸石占地面积 i 或万吨矸石占地面积 j 估算。

$$F_z = iT = jQ \tag{2-6}$$

式中，T、Q 分别为预测期间原煤产量和煤矸石排放量，单位万吨。

一般大矿比小矿万吨占地面积小。统计资料表明，煤矸石占地面积只有采煤塌陷面积的 0.6%～3.5%，且大矿所占的比例较小。

露天矿外排土场压占破坏土地面积的预测可参照上述井工开采煤矸石压占土地面积的预测方法。

2.4　矿山开采对水资源及水环境的影响分析

2.4.1　采煤对水资源的影响分析

2.4.1.1　采煤对水资源的破坏

（1）采煤破坏地表水资源

煤矿绝大部分位于山区,地形复杂,水文网发育,南方沟谷径流较多,北方大部分为季节性河流。一般来说,煤矿开采至河床附近时,都留有保安煤柱,且大部分河床底部与下伏煤层之间存在隔水层。当煤矿开采沉陷未波及地面时,采煤对地表水的基本无影响,但当采空区面积不断扩大,煤矿开采沉陷波及地面时,造成地表裂缝和地面塌陷,在局部地段的矿井采空区"三带"与地表水体发生联系,地表水下渗进入矿井形成矿井水,使得煤矿开采沉陷影响区的地表径流量减少,对地表水资源造成破坏。

（2）采煤破坏孔隙水及裂隙水资源

煤矿开采形成冒落带、裂隙带及弯曲带。对地下水资源影响最直接的是煤系地层裂隙水及其上覆地层孔隙水。由于采煤疏干排水局部改变了开采区地下水的自然流场及其补给、径流、排泄条件,使煤系含水层及其上覆含水层变为透水层。地下水向矿井汇集,造成裂隙及孔隙含水层地下水位的下降,含水层的地下水资源遭到破坏。

（3）采煤破坏岩溶水资源

岩溶水在我国的工农业及城市生活供水中占有非常重要的地位。在我国的许多煤矿都存在岩溶水,采煤已经对部分矿区的岩溶水造成破坏。以我国北方岩溶分布最多的山西省为例,岩溶水的主要含水层位于奥陶系（O_2）灰岩中。含水层下伏于煤系地层中,在有断裂构造导水或底部隔水层厚度较薄时,不能抵御水压或矿山压力对其破坏时,无论煤层是否带压,都会对岩溶水资源造成破坏。若煤层带压,则可造成煤矿突水,不仅威胁安全生产,而且造成岩溶水资源量的破坏;若煤层不带压,则煤系地层由于开采所形成的矿井水等渗入到岩溶含水层中也会导致岩溶水的破坏。

2.4.1.2 采煤对地下水循环的影响分析

降水、蒸发、入渗和径流是水资源循环的几个主要过程。对于井工开采煤矿来说,矿山开采前地下水循环处于自然状态。随着煤炭开采量的增加,采空区范围不断扩大,造成开采区大气降水、地表水和地下水循环系统不断发生变化,原有的水资源利用条件改变,造成煤层上覆含水层中的地下水以渗、淋、漏等多种方式进入矿井。在煤炭生产过程中,为了确保安全生产,需进行矿井排水,随着矿井排水量的增多,使含水层的地下水位逐渐下降,地下水资源量越来越少。煤炭开采造成的矿区地下水循环系统变化,主要表现在以下几个方面。

（1）采煤改变地表水与地下水的转化关系

煤矿开采前,地表水对地下水的补给关系相对比较稳定,当因煤炭开采形成的采动裂隙引起地面塌陷使裂隙延展到地面时,地表水就会通过导水裂隙带下渗补给矿井水,致使开采沉陷影响到的河流或水库水资源量明显减少或枯竭。而矿井水再人为机械地排出地面流入河谷,致使河谷中的水流无法分辨其来源及其各自的数量,破坏了地表水与地下水的天然水力转化联系。

（2）采煤加速大气降水和地表水的入渗速度

煤矿开采前,受地下水储存量的调节,地下水埋藏较浅且以横向运动为主,运动速度较慢,从补给区到排泄区的时间较长,从而有利于蒸发消耗。煤矿开采后,由于地下水储存量不断被疏干排出,地下水位持续下降,降落漏斗范围越来越大,浸润线比降越来越大,引起其运动速度加快,且运动方向由天然状态下的横向运动为主,逐步改变为垂向运动为主。而地下水的补给来源主要是大气降水和地表水,受采煤引起的导水裂隙及地表塌陷裂隙的沟通作用,加速了大气降水和地表水向地下水的入渗速度。

（3）矿井排水使地下水循环复杂化

当上游矿井所排出的废污水进入河道,又通过河道渗漏补给下游矿井,矿井水也参与了地下水循环,使得煤炭开采区的地下水循环变得错综复杂,"三水"转化条件彻底改变。而矿井水的来源主要为河流地表水及煤层上覆含水层中的地下水。大量的矿井排水加速了地表水的下渗速度及地下水的径流速度,且排出的矿井水部分又通过地表水渗漏补给地下水,从而改变了流域内地表水及地下水的相对比例,使本来闭合的流域变为非闭合流域,使区域地下水循环复杂化。

2.4.1.3　采煤对含水层水位的影响分析

煤炭开采破坏了原有的力学平衡,使得上覆岩层产生移动变形和断裂破坏。一般情况下,当采煤形成的导水裂隙带波及上覆含水层时,含水层中的水就会沿采动裂隙流入矿井,造成上覆含水层地下水位下降。由此可知,含水层的地下水位下降与采动覆岩破裂密切相关。随着采煤工作面推进距离的增大,覆岩断裂带高度增大,当采空区面积达到充分采动时,断裂带高度将保持为某一定值,但采空区边界的破坏带高度大于采空区中央的破坏带高度。根据上覆岩层破坏带高度及其分布形态,可以推断出一般开采情况下的含水层水位变化如下:

① 对于非充分采动,煤层上覆层岩破坏带高度最大值位于采空区中央,导致此处的含水层水位下降最大(图 2-2)。

② 如果采空区面积较大,采空区中央上方的断裂裂隙压密闭合,则由此产生的含水层水位降在采空区边界达到最大值(图 2-3)。

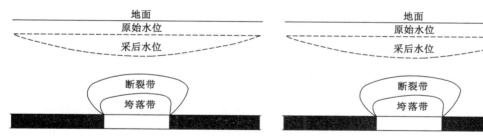

图 2-2　非充分采动引起的地下水位变化　　　　图 2-3　充分采动引起的地下水位变化

③ 对于深厚比大且充分采动来说,其上覆岩层冒落区波及含水层,则由此引起含水层的水直接流入采空区,形成以开采边界为边界的扩散降落漏斗(图 2-4)。

2.4.1.4　采煤对地下水影响的主要因素

煤炭开采对地下水产生影响的主要因素有水文地质条件、地质构造、煤矿开采阶段、降水量、开采面积、开采深度及开采沉陷等。这些因素影响着矿井排水量的大小,进而对地下水资源量造成影响。

（1）水文地质条件

水文地质条件主要是指含水层的厚度、富水性、节理、裂隙、岩溶发育程度和补给来源等。这些条件是决定矿井排水量大小的关键。含水层厚度大,裂隙发育,富水性强,补给来源丰富,则矿井排水量就大;反之则小。矿区所处的地理位置也是影响矿井排水量的重要因

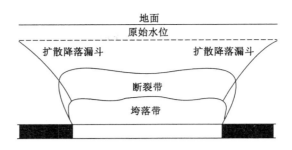

图 2-4　深厚比大且充分采动引起地下水位变化

素。① 煤矿平面位置与附近井、泉、河水的关系。一般离井、泉、河水近,且水力联系密切,侧向补给来源大,则矿井排水量大;反之则小。② 开采煤层与当地侵蚀基准面及区域地下水位关系。位于当地侵蚀基准面和区域地下水位以下,且补给关系密切,则矿井排水量大;反之则小。③ 与煤矿区当地降水量、入渗系数的大小、煤层深浅有直接的关系。开采煤层埋深浅,降水量大,入渗系数大,降水可直接转化为矿井水。煤层开采后导水裂隙带影响到地面,则矿井排水量就大,且季节性变化明显;反之则小。

(2) 地质构造

在煤炭开采过程中,矿井排水量的大小与地质构造,特别是褶曲断层有直接关系。地质构造对地下水起着重要的控制与导水作用,这主要决定于断层的导水性质及地下水补给来源丰富程度。地质构造对矿井排水量影响的一般规律是:矿区地质构造越复杂,断裂越多,且断层为张性的导水断层,开采煤层离断层越近,补给来源越丰富,则矿井排水量就越大;矿区地质构造简单,且断层为压性的阻水断层,开采煤层离断层越远,补给来源越少,则矿井排水量越小。

(3) 煤矿开采阶段

在煤矿开采的不同时期,矿井排水量大小是不同的。

① 在煤矿开采初期,即由基建达到设计生产能力期间,揭露的含水层相对多,各含水层处于自然饱和状态,含水性较强。随着开采面积的逐渐增大,就会逐步发生顶板冒落。裂隙导水带到达顶板含水层,地下水就会直接渗入矿井,形成矿井水。对于存在河流且煤层较浅的矿井,地表水也可能渗入矿井,矿井排水量将相对增大。

② 在煤矿开采进入中期,由于一般不会大面积揭露新的含水层,随着开采时间的增长,含水层水位不断下降,所形成的以矿井为中心的水位降落漏斗趋于稳定,部分含水层由承压转为无压,矿井排水量靠入渗量补给,处于补给、径流、排泄平衡状态。

③ 在煤炭开采进入后期,由于含水层部分被疏干,导水裂隙带和节理裂隙带逐步被充填,导致地表入渗补给量逐步减少,矿井排水量逐步衰减。

④ 在煤炭开采进入末期(停采),在其影响范围内,矿井排水量变小或者不排水。但由于煤系底部有隔水层存在,采空区逐步积水成为"地下水库"。

需要指出的是,上述 4 个阶段是在正常条件下的全过程和共性;若有构造破坏或与地表水、底板含水层发生联系,特别是煤层底板发生突水,则会发生局部、暂时的突变,矿井排水量就增大。

(4) 降水量

一般情况下,如果煤炭开采初期降水量增大,矿井排水量增加。对于煤层埋藏较浅的矿井来说,这种关系更为明显。但到煤炭开采中期,这种相应关系就不明显,即降水量增大,矿井排水量增加很小或者根本不增加。当煤炭开采进入末期后,两者关系向相反方向发展,即降水量增加,矿井排水量却在逐步减少。

（5）开采面积

煤矿开采面积的逐年增大,这是由矿井生产设计决定的,也是煤矿生产的需要。在煤炭开采初期,开采面积与矿井排水量有相互增长的规律。当开采达到一定深度后,无论煤层开采面积是否增加,矿井排水量将基本保持不变。部分矿井排水量还随着开采面积的增加,却向相反方向发展,即呈下降趋势。这是因为矿井排水量主要受水文地质等条件所决定。

（6）开采深度

井工煤炭开采方式主要有斜井和竖井。在水文地质条件相同的情况下,煤矿开采深度与矿井排水量有直接关系。在一定深度内,一般是开采深度越大,揭露的含水层越多,矿井排水量越大。在水文地质条件复杂、地下水补给来源丰富的地区,随着开采深度增加,矿井排水量有所增加。当开采超过此深度后,矿井排水量一般不增加,还有可能会逐步减少。究其原因为：① 煤层埋藏越深,地下水补给条件越困难,即使补给条件好,地下水也处于滞缓流动状态；② 岩层埋藏越深,节理、裂隙、岩溶发育程度越差,补给条件越差,含水量要减少,但在构造带可能例外。

（7）开采沉陷

开采沉陷与矿井排水量有密切的关系。开采煤层越厚,"三带"影响越大,贯通的含水层越多,矿井排水量越大。浅部开采沉陷后,裂隙导水带直接影响到地面,不仅可使地表水、大气降水直接入渗矿井,而且可使浅部风化带含水层水的流速加快,渗入矿井,因而矿井排水量增大,其大小主要决定于含水层的渗透系数和富水性。如果开采影响范围内的含水层数量少,隔水层数量多,那么矿井排水量不增加或增加很小。

2.4.2　采煤对水资源量破坏的类型

2.4.2.1　采煤造成河川径流量减少

煤层浅埋区长期大面积采煤,导致采空区面积不断扩大,采空区导水裂隙带和地面塌陷范围随之扩大,使地表水与地下水、矿井水发生了直接联系,造成河川径流大量渗漏进入矿井,河川径流量明显减少。

2.4.2.2　采煤造成不同类型地下水资源量减少

对于孔隙水来说,煤矿开采致使地表水水量减少,必然导致第四系孔隙水补给量减少,而一部分第四系含水层底板被采煤裂隙所波及或虽未波及但存在第四系含水层越流现象,进而又增加了含水层向下部基岩的垂直入渗量,使孔隙水水量减少。

对于裂隙水来说,因其赋存于煤系地层及其上覆含水层中,受采煤影响,对裂隙含水层造成破坏,使裂隙水向矿井汇流,打破了裂隙水原有的自然平衡状态,加上矿方为维持煤炭开采和安全,进行疏干排水,造成裂隙水水量减少。

对于岩溶水来说,如果煤炭开采层位于岩溶水水位以下,发生断裂导水时有可能造成恶性突水事故,或疏水降压时引起岩溶水水位下降,造成岩溶水水量减少。

2.4.3 采煤对上覆含水层的影响分析

（1）聚煤盆地成煤岩层

因各聚煤盆地的成煤时代不同及成煤前后地质环境的变迁，使得各盆地煤层上下相连地层的水理特性有很大变化，有的是含水岩层，有的是隔水岩层。由于煤层本身是弱含水岩层，因此煤矿开采将直接破坏上覆含水层结构，使含水层与隔水层的相对关系发生变化，从而对地下水资源的形成与赋存规律产生了影响。

（2）煤矿开采方法

煤矿开采方法对含水层结构的影响主要表现在采煤工作面的宽度、回采率大小及煤层顶板的管理办法等。当煤层顶板采用全陷管理时，煤矿开采破坏了顶板岩层的自然平衡状态，引起煤层顶板岩层的开裂、塌陷与移动，使顶板的隔水性能受到破坏，地下水通过隔水顶板的裂隙进入到采空区。这时，采煤工作面越宽，回采率越大，含水层结构受破坏程度越大。如果顶板采取支护式管理，采煤工作面窄，回采率小，含水层破坏程度就低。

（3）顶板岩层结构特征

顶板岩层结构特征包括地层岩性、厚度、倾角、岩石力学特性等。顶板岩层结构主要影响岩层开裂强度、冒落带高度及塌陷范围。一般顶板岩层连续性好，厚度较大、地层倾角较缓的坚硬岩层，顶板破坏程度相对较轻，含水层结构破坏程度相对较小。

（4）煤矿区构造

煤矿区构造的影响主要指区域断层及褶皱的发育情况的影响。煤矿开采使断裂和褶皱形态发生变化，断层进一步扩展，裂隙进一步发育，地层渗透能力进一步增强，含水层与隔水层关系发生改变，从而破坏了含水层的结构。

2.4.4 底板突水类型

2.4.4.1 按照突水发生位置划分

（1）掘进巷道底板突水。掘进巷道底板突水主要是承压水通过断裂和构造破碎带早已进入了底板隔水层，或者是掘进工作面遇上充水断层，或者是有效隔水层变薄或断裂破碎带充填物有弱的透水性，一旦巷道接近或揭露，岩溶水就溃入井下造成突水。

（2）采煤工作面底板突水。采煤工作面底板突水一般发生在采空区的周界近处，大多都有不同落差的断裂构造存在，在矿山压力的作用下，特别是老顶周期来压时发生底鼓，隔水层遭受破坏，位于不同深度的岩溶承压水沿重新活动的断裂裂隙乘虚而入，造成底板突水。

2.4.4.2 按照动态表现形式划分

（1）爆发型。爆发型底板突水是直接在采掘工作地点附近发生的突水，一旦突水，突水量瞬时即达峰值，突水来势猛，速度快，冲击力强，底鼓严重，常有岩块碎屑伴水冲出。突水峰值过后，水量趋于稳定，有时也会逐步减少。许多大中型底板突水事故往往具有爆发型特点。

（2）缓冲型。缓冲型底板突水是在采掘工作地点附近突水发生后，突水量有一个由小到大逐渐增长的过程。可以在几小时，几天，甚至几个月才达到峰值。缓冲型突水也可以造成较大规模的突水事故。

（3）滞后型。滞后型底板突水与上述两种形式不同。突水地点发生在以前使用过的巷道或采空区中。滞后时间可以是几天，几个月，甚至是几年。

2.4.4.3　按照突水量划分

① 特大型突水：水量在 50 m³/min 以上，危害性严重，能造成淹井事故。

② 大型突水：水量在 20～49 m³/min 之间，危害亦大，也能造成淹井事故。

③ 中型突水：水量在 5～19 m³/min 之间，可淹一个采区。

④ 小型突水：水量在 5 m³/min 以下，一般可排出，危害不大。

2.4.4.4　底板突水的影响因素

（1）地质构造

断裂构造薄弱带及节理是造成突水的主要因素。大量资料表明，80%以上的底板突水发生在断裂构造附近。实体隔水层的岩体强度几倍、几十倍于地下水的水压。水压和矿压破坏隔水层形成新的突水通道的能力是有限的。底板突水通道几乎都是底板隔水层中原有断裂裂隙所形成的。底板突水首先要有带压的水体，其次要有突水通道。地质构造造成底板突水表现在：① 断裂构造的存在破坏了底板的完整性，降低了底板的抗张强度；断层带破碎、软弱，大大降低隔水层的实际强度，容易形成导水。② 断层上下两盘错动的结果，缩短了煤层与含水层的距离，甚至使煤层与含水层之间对口，减小底板隔水层的有效厚度。③ 断裂构造可以充水或导水，更使水文地质条件复杂化。④ 正断层的上盘、逆断层的下盘易突水。

（2）含水层的富水性

含水层的富水性是突水大小的物质基础，决定着突水后水害的规模及对矿井的威胁程度。因此，含水层的富水性是煤层底板突水的重要因素之一，其与裂隙发育程度、径流条件、构造发育情况及埋藏深度等因素有关。含水层水量越丰富，突水量越大，危害性越大。由于各含水层的裂隙发育存在不均匀性，富水性强的地段往往底板裂隙也较发育，为易突水区，且突水量较大。

（3）水压作用

水压是发生突水的前提和动力。水压高，突水概率就高。承压水在底板隔水层下处于相对封闭状态，承压水欲突破几十米完整的隔水层岩体是相当困难的。而处于封闭状态的地下水不断地冲刷或溶蚀构造裂隙，形成通道，由含水层上升进入到底板隔水层，从而破坏了底板隔水层，削弱隔水层强度。当它一旦接近煤层，采掘工作面推进到这里时就可引起爆发型突水。若离煤层较远，则可形成缓冲型或滞后型突水。水压力对采场围岩具体的破坏作用，以两种形式的力，包括隐含有势能的静水压力；在岩石空隙及突水通道中运动和突水时由势能转变为动能（使运动的水获得加速度）的动水压力。

承压含水层的静水压力对采场围岩的破坏作用主要表现在以下几个方面。

① 导升作用。含水层上覆隔水层内有许多天然结构面。在承压水静水压力作用下，水沿着这些天然裂缝，在隔水层内上升至某一高度（称之为导升高度）。显然，在断层附近，因围岩破坏厉害，其导升高度较正常区大；其次由于岩石性质、结构和受力的差异，隔水层内天然结构面的大小、多少各异，因而其导升高度必然不同。

② 楔劈扩大裂隙作用。底板隔水层中天然裂隙的尖端，处于应力集中状态，在水压力作用下，水不仅进入裂隙系内，而且还使隔水层内的裂隙产生扩大、延长现象，称此作用为楔

劈作用。静水压力越大,这种作用便越明显。

③ 底鼓作用。当采掘工作面内的煤(岩)采(掘)空至某段距离之后,其底板在静水压力及静矿山压力作用下往采(掘)空区段内移动,在采空区或巷道内形成"底鼓"。此外,在采场周边的隔水层底部附近,因岩石弯曲而产生张裂隙。

④ 采场周边附近的剪切破坏作用。采空区内底板承受垂直向上的静水压力,使底板往采空区内移动,而采场周边未采掘地段岩层承受顶部岩层转嫁的垂直向下的压应力。在这对力偶的作用下,采场偏采空区的周边岩层内部产生剪切破坏作用而出现剪切裂隙系,从而诱发突水事故。

⑤ 静水压力大小的作用。在采场围岩岩性、结构、裂隙、断裂、构造和厚度基本类似的情况下,往往是采(掘)区内顶底板承受静水压力越大,导升、扩裂、底鼓及采场周边附近剪裂及张裂作用越强,故突水概率越高。

⑥ 水对围岩的软化降强作用。当隔水岩层裂隙中充水后,水对岩石产生软化作用,降低了岩石的强度而利于岩石的破坏。

动水压力对采场围岩作用的主要表现为冲刷扩裂和搬运充填破碎物的作用和动量的作用两方面。

① 冲刷扩裂和搬运充填破碎物的作用。当水进入裂隙系统内,因采矿引起的各种作用,使水在相互沟通的裂隙中运动时,则具有势能的静水压力转变成动能,使在裂隙内运动的水获得加速度。获得加速度的水,在裂隙中运动时,起了冲刷扩大裂隙,并搬运裂隙中充填物或破碎物的作用。显然,水获加速度的大小,与静水压力差大小有关,即与威胁采区工作的含水层静水位、突水点标高差的大小有关。

② 动量的作用。井巷突水强烈程度不仅与水压大小有关,还与水的冲力和动量大小有关。一般是水速越大,水对隔水层的冲力和动量破坏越大,相应突水强烈和水量大而持久。而水速和水量大小,取决于含水层的透(富)水性、补给条件和水压差的大小。

(4)隔水层厚度

隔水层起阻止突水的作用,其阻水能力取决于隔水层的强度、厚度和裂隙发育程度。若采场顶底板隔水层厚度大,在正常地质条件下,则因岩层阻水能力强不会出水。岩石抗水能力随岩厚增大而增强。同一厚度的岩层,岩石的天然强度不同,其阻水能力也不同。总体而言,隔水层强度越大、厚度越大、裂隙越少,隔水层阻力越大,突水的概率越小。

(5)底板采动破坏深度

底板采动破坏深度决定着底板岩体破坏的程度。底板的采动破坏深度越小,突水的概率就越小。

由此可知,正是在上述各种因素的影响下,采煤引起的底板突水对煤层下伏含水层的破坏作用很大,最终造成含水层地下水位下降,水资源量减少。

2.4.4.5 采煤对水环境的影响分析

煤炭开采造成水环境污染是矿山普遍存在的环境问题。煤炭的采掘生产活动同其他生产活动一样,需排放各类废弃物,如矿井水、煤矸石和尾矿等。由于采煤活动的进行及废弃物的不合理排放和堆存,对矿区及其周围水环境构成不同程度的污染危害。

(1)污染物种类与特征

煤矸石主要成分有碳、氢、氧、硅、铝、硫、铁、钙等常量元素。因成煤环境的不同,煤矸石还常含有镉、铬、砷、汞、铅、锌、铜、氟等微量元素,这些元素通过煤矸石的淋滤作用而渗滤到土壤中,进而污染地下水,或因煤矸石的自燃,产生 CO、CO_2、SO_2、H_2S 及烟尘,经雨水的作用而渗滤到地下水中造成污染。

在选煤过程中,洗煤水中含有大量的煤及泥沙,有时含有溶解性有毒物质,如铜、铁、锌、铝等。洗煤废水酸度很高,且含有大量煤。矿物中的硫黄由于生物的作用成为硫酸,与其他元素作用形成其他的如硫酸铁等的化合物。洗煤水渗入土壤及地下水中,造成地下水体的污染。

矿井水主要污染物有:① 有毒污染物,包括汞、铅、铬等重金属及氟化物、氰化物等无机毒物及一些有机毒物。② 放射性污染物,包括天然铀、镭、氡等核素。③ 无机污染物,包括无机酸、盐类和无机悬浮物。矿井水的大量排放对水资源产生很大危害。

（2）采煤对水环境的污染方式

在采煤和选煤过程中,一般会产生大量的煤矸石。煤矸石对水环境的污染主要体现露天堆放的煤矸石在降雨、降雪淋融和自身所载水分的作用下发生一系列的物理、化学变化,其中有毒有害物质在水动力的影响下进入地表或地下水环境,造成矸石周围地区的地表水和地下水严重污染。煤矿在选煤过程中也会产生含污染成分的污水,这些污水如果不经处理而排放,也会对地表、地下水资源的水质造成不同程度的污染。

2.5　矿山开采对地下水影响预测与评价

2.5.1　调查与勘察

2.5.1.1　调查要点

采煤对水资源破坏的调查要点是矿区地下水均衡破坏、水污染问题,包括地下水水位下降、水资源枯竭、地下水及地表水污染等。

① 煤矿开采对地表水下垫层、地下水含水层或岩体影响和破坏,如地下开采顶板岩层变形、破坏形成的冒落带、裂隙带及弯曲带、地表移动变形产生塌陷、地裂缝与地下导水裂隙带贯通等。

② 矿井排水所造成的地表水漏失情况、漏失影响范围、漏失程度及主要影响对象等;区域地下水均衡破坏程度、疏干范围地下水下降幅度、疏干量、降落漏斗的形态及主要影响对象。

③ 采煤对地表水及地下水污染情况、主要污染物、污染源、污染面积及污染程度。

2.5.1.2　水文地质勘探

由于采煤活动难免会间接或直接地触动或揭露地下含水层,不论从矿井安全生产角度还是从矿区水资源保护角度出发,都应该进行矿井水文地质勘探。通过水文地质勘探,可查明矿区水文地质条件及矿床充水因素,预测矿井涌水量,提出对矿井水防治及供排结合、综合利用的意见,提出防治地表水、地下水等污染的建议等,为矿区煤炭开采过程中的水资源保护提供有力的支持和保证。

（1）不同类型充水水源矿床水文地质勘探侧重查明的问题

① 孔隙充水矿床。

本类矿床是产于石炭、二叠系中的矿床,但主要受第四系含水层充水。含水介质有第四系前疏松半胶结含水岩层和第四系疏松含水岩层,包括山区河谷地带孔隙含水层、山间盆地孔隙含水层、河谷平原的孔隙含水层、山前冲积平原的孔隙含水层等。一般来说,含水层的富水性、导水性比较均匀,但河谷地带、冲积扇堆积则变化很大,甚至在不同方向上其导水性、富水性可以相差较大。地下水运动一般属于层流。

针对孔隙充水矿床的特点,在水文地质勘探时要着重查明:含水层的成因及其分布;含水层的岩性、结构、粒度、磨圆度、分选性、胶结物及胶结程度、厚度及其变化、富水性和渗透性;含水层和矿层的组合关系;含水层和隔水层的组合关系,含水层之间的组合关系;地表水体对矿床充水的影响(地表水最大淹没范围、地表水与地下水的水力联系、矿床开采时地表水向矿坑的流入);砂石层(包括夹层、透镜体)的厚度变化及分布规律;黏土层的厚度变化及分布规律。

本类矿床水文地质勘探可用一般方法。由于含水岩层离地表较浅,对查明岩性、结构、含水层厚度及其分布采用物探方法比较适用,应大力应用地面电法及水温测井以节省勘探工作量并提高勘探质量。对于河谷地带、冲积扇地区水量大的充水矿床,要采用大降深、大流量、较长时间的抽水试验做评价。在抽水试验过程中要注意砂石冲溃、地面沉陷问题。矿井涌水量预测一般可用基于达西定律的各种计算方法。

② 裂隙充水矿床。

裂隙充水矿床分为层状裂隙充水及脉状裂隙充水两个亚类。层状裂隙充水矿床特点是含水层呈层状、似层状,不穿层,一般为矿层的直接顶、底板或间接顶板。脉状裂隙充水矿床含水体为带状或脉状,其埋藏和分布不受地层岩性控制,主要受地质构造(断层及侵入岩)的制约;贯穿于不同性质、不同时代的岩层中,延伸长度和深度都较大。脉状裂隙含水带常与脉状矿体共存,前者对后者直接充水。裂隙含水层的富水性决定于裂隙的大小、密度、连续性及含水层(带)的厚度。裂隙水的运动在大多数情况下属层流运动,仅在少数情况下有紊流,且紊流带的范围很小。

裂隙充水矿床水文地质特征:矿井涌水量较小,水文地质条件一般比较简单,但遇到地表水充水及构造裂隙富水带则使条件复杂化;常常碰到煤系中砂岩构造裂隙富水带,玄武岩孔洞层以及大型断裂宽裂隙含水带比较富水;井下开拓、开采遇到这些富水区(带)时,常会发生涌水;有时涌水量比较大,但是受到裂隙大小、连续性和补给条件的限制,水量很快由小变大;裂隙水分布不均一。

针对裂隙水充水矿床特点,在水文地质勘测中要着重查明:是层状裂隙带还是脉状裂隙带充水,两者在勘探与评价上是有区别的;裂隙的成因、性质、大小、密度、连续性、发育及分布规律、含水及充填情况;构造断裂带(及含矿破碎带)的性质、规模、两盘岩性、充填胶结情况及其导水性、富水性及其各含水层和地表水的水力联系;对玄武岩裂隙-孔洞层要查明裂隙、孔洞的分布规律、连通情况、充填及含水情况;岩体风化带的风化深度及风化程度。

本类矿床可采用一般水文地质勘探方法。对于当地侵蚀基准面以上的水文地质条件简单的矿,可根据矿区地形、地质资料,易于水文地质资料及邻近矿山的排水资料做出水文地质评价,无须布专门水文地质孔;位于当地侵蚀基准面以下的简单类型矿床,除做上述工作外,可做简易抽水试验。矿井涌水量预测可用比拟法或一般地下水动力学方法。

③ 岩溶充水矿床。

本类矿床多分布于大型平缓褶皱所形成的大型岩溶水系统中,一般具有丰富的补给资源和储存资源。岩溶以溶隙为主组成溶隙网络系统,含水层富水性及水力连通性相对均匀。地下水呈分散流特征,基本上为渗流性质,具有统一水面(水压面),水力坡度平缓。矿床抽排水时形成降落漏斗,影响半径延伸很远。有的矿床抽水时,地下水位(压)呈等幅平盘状下降。矿床开采主要问题是:一般矿井涌水量比较大,特别是得到区域大面积岩溶水的补给时;石炭二叠系煤田底板突水问题严重;矿山排水与供水的矛盾突出;部分地区有岩溶地面塌陷问题。

针对本类矿床特点,在水文地质勘探工作中除了要搞好岩溶分布和发育规律的调查研究外,要大力查明岩溶水系统的边界条件,查明其补给、径流、排泄条件,查明强径流带的分布;特别重要的是查明岩溶水与区域岩溶水系统的关系,煤矿区涌水是否会得到区域的大量补给。在这里,查明断裂与岩体的水文地质性质(隔水、相对隔水、导水)有重要意义。对石炭二叠系煤田要查明供给结合的可能性,提出供排结合的建议。

在水文地质勘探方法中要应用水文地质测绘、钻探、钻孔简易水文地质观测、物探、遥感、同位素、抽水试验、压水试验、地下水长期动态观测等,尤其重要的是对水文地质条件复杂程度为中等至复杂的矿床在勘探阶段要进行大降深、大流量、较长时间的群孔抽水试验(或井下放水试验)。

岩溶充水矿床一般水量大,补给充沛,所以抽水量小,抽水时间短,降深小,流场仍然是天然流场,不能获得符合实际的水文地质参数,也不好了解边界条件,更不能暴露矿床疏干条件下有什么水文地质、工程地质问题。这些都只有在大降深、大流量、较长时间的抽水试验(或放水试验)中才能获得。若有可能结合矿区半工业性试验效果更好。由于地下水运动基本上为渗流运动,呈分散流状态。一般可用地下水动力学方法以及其他各种方法计算矿井涌水量。

(2) 对不同类型充水方式矿床着重查明的问题

① 含水层直接充水类型的矿床。应着重查明直接充水含水层的富水性、渗透性,地下水的补给来源、补给边界、补给途径和地段。应查明直接充水含水层与其他含水层、地表水、导水断裂的关系。当直接充水含水层裸露时,还应查明地表汇水面积及大气降水的入渗补给强度。

② 含水层为顶板间接充水类型的矿床。应着重查明直接顶板隔水层或弱透水层的分布、岩性、厚度及其稳定性、岩石的物理力学性质和水理性质、裂隙发育情况、受断裂构造破坏程度,研究和分析计算在不同的采高和采矿方式下煤层顶板导水断裂带发育高度和发育过程,分析计算导水断裂带与顶板间接充水含水层之间连通关系和矿井通过顶板导水断裂带充水的水量。查明顶板隔水层中存在的导水断层、裂隙带及其空间分布等条件,分析主要充水含水层地下水通过构造进入矿井的地段及其可能充水水量。

③ 含水层为底板间接充水类型的矿床。应着重查明承压含水层地下水的径流特征,主要富水区段及其空间分布,主采煤层与含水层之间隔水岩层的岩性、厚度、结构关系及其变化规律,岩石的物理力学性质和水理性质,岩层阻抗底板高压水侵入的能力以及断裂构造对底板岩层完整性的破坏程度。分析论证煤层开采后对底板隔水层会造成的破坏和扰动及其可能诱发的突水条件,分析论证可能产生底鼓、突水的可能性及其分布地段。

(3) 水文地质勘探工作基本原则

① 矿井水文地质勘探工作应结合煤矿区的具体水文地质条件,针对矿井主要水文地质问题及其对水资源破坏类型,做到有的放矢。从区域着眼,立足矿区,把矿区水文地质条件和区域水文地质条件有机地结合起来进行统一、系统的勘探研究,确保区域控制、矿区查明。牢记地下水具有系统性和动态性的特点,实行动态勘探、动态监测和动态分析的矿井水文地质勘探理念。

② 在水文地质条件勘探方法的选择上,应坚持重点突出、综合配套的原则。在勘探工程的布置上,应立足于井上下相结合,采区和工作面以井下勘探为主,配合适量的面勘探。对区域地下水系统,应以地面勘探为主,配合适量的井下勘探。

③ 水文地质勘探工程的布置,应尽量构成对勘探区地质与水文地质有效控制的剖面,既控制地下水天然流场的补给、径流、排泄条件,又要控制开采后地下水系统与流场可能发生的变化,特别是导水通道的形成与演化。

④ 地球物理勘探应着重于对地下水系统和构造的宏观控制,钻探应对重点区域进行定量分析并为专门水文地质试验和水资源保护提供条件和基础信息。专门水文地质试验是定量研究和分析矿井水文地质条件的重要方法。

⑤ 无论是地面勘探或是井下勘探,都应把勘探工程的短期试验研究和长期动态监测研究有机地结合起来,达到勘探工程的整体空间控制和长期时间序列控制。应重视水文地质测绘和井上下简易水文地质观测与编录等基础工作,应把矿井地质工作与水文地质工作有效结合起来。

⑥ 进行放水试验时,主要放水孔宜布置在主要充水含水层的富水段或强径流带上。必须有足够的观测孔(点)。观测孔布置必须建立在系统整理、研究各勘探资料的基础上,根据试验目的、水文地质分区情况、矿井涌水量计算方案等要求确定。尽可能利用地质勘探钻孔、地下水天然或人工露头作为观测孔。

2.5.1.3 水文地质试验

(1) 抽水试验的目的与任务

① 查明水文地质条件。查明含水层(带)之间的水力联系;查明地表水体与地下水之间的水力联系;查明岩层富水性;了解地下水补给来源、补给途径、补给强度;了解边界的水文地质性质(隔水边界、弱透水边界、补给边界等)。

② 取得含水层水文地质参数,为预测矿井涌水量或计算矿区水资源提供数据。这些参数包括矿区和区域的导水系数或渗透系数、贮水系数、给水度、越流系数等。

③ 暴露矿区水文地质与工程地质问题,如岩溶塌陷问题、地裂缝问题、地表沉陷问题等。

④ 研究采煤矿床疏干的可能性。对特别复杂矿床(如水量特别大或残留水头问题比较严重)在水文地质勘探之后专门组织抽水试验,以研究疏干问题的可能性。

(2) 抽水试验的种类及其适用范围

抽水试验按地下水流向抽水井运动状态可分为稳定流和非稳定流的抽水试验;按抽水主孔及观测孔的数量可分为单孔抽水试验、多孔抽水试验及群孔抽水试验;按含水层的层数可分为分层抽水和混合抽水;按排水方式不同可分为地表抽水试验、井下放水试验等。

① 稳定流、非稳定流抽水试验。

稳定流抽水试验要求抽水时流量和水位相对稳定,通过试验可计算岩层的渗透系数或导水系数,研究单位涌水量在平面上的分布规律。然而该试验不能得出贮水系数或压力传导系数。实际上,地下水流向抽水井的稳定运动是相对的,而不稳定运动是绝对的。严格地讲,只有当补给量与排泄量的减少量之和等于抽水量时,才能达到地下水的稳定状态。自然界可能出现稳定井流的条件。稳定抽水试验的优点是计算公式一般比较简单,使用方便。

非稳定流抽水试验要求流量或水位其中一个保持常量,测另一个数据随时间而变化的关系。该试验比较符合实际。自然界中的非稳定井流,在抽水时无法达到稳定状态。非稳定抽水试验除可计算岩层的渗透系数外,可求贮水系数和压力传导系数。对于潜水,该试验还可求出给水度。

② 单孔、多孔及群孔抽水试验。

单孔抽水试验指只有一个抽水孔,没有观测孔的抽水试验。这是一种方法简单、成本较低的抽水试验,可取得含水层的钻孔出水量与水位下降关系,可粗略计算岩层渗透系数(或导水系数)、贮水系数、给水度等,在矿床水文地质普查和勘探工作中作为取得岩层参数、初步确定含水层富水性的重要手段。在水文地质条件很简单的地区,可以按单孔抽水试验计算矿井涌水量。

多孔抽水试验系数指在抽水孔(主孔或中心孔)周围配置一定量的观测孔,在试验过程中观测其中周围试验层中地下水位变化的一种试验。此类试验可获得诸如试验段内含水层不同方向上的渗透系数,影响半径的大小、分布,下降漏斗的形态及扩展情况,含水层间水力联系,断层的连通性,地表水地下水的关系,水文地质边界性质等多种资料,具有较高的精度。因此在矿床水文地质勘探阶段,此类试验被普遍应用。

群孔抽水试验指在含水层富水性较强的地区,特别是大水矿床,要求具有相当强度的抽水能力才能达到抽水试验的预期效果,往往采用两个以上甚至二三十个抽水孔进行的多孔抽水试验,又称大型抽水试验。由于抽水强度大,降深大,所以对于确定水文地质条件,含水层参数以及了解矿床疏干的可能性都比较接近实际。此类试验缺点是成本高,试验复杂。

③ 分层抽水和混合抽水试验。

在矿区中有许多层含水层时,一般要求分层抽水,以便得到各含水层的水文地质参数资料。若水文地质条件简单,水量比较小,则可以用井中测流方法进行一次混合抽水试验,分层求出水文地质参数。

④ 井下放水试验。

放水试验必须在井下进行,也就是说必须有井巷系统、完善的井下排水系统。因此这项试验一般是在两种情况下进行:利用井下放水试验进行新区或深部延伸区的水文地质勘探;矿床疏干试验。由于井下施工比较复杂,所以一般只在水文地质条件复杂、矿井涌水量比较大的矿区进行。

放水试验的优点是:可以达到大降深,从而暴露矿区主要的水文地质问题,取得的水文地质参数比较可靠。特别是在大水矿区勘探时,地表抽水往往降深很小,达不到抽水目的。当地下水位埋藏很深时,放水试验更显示出优越性。放水试验可以模拟疏干过程,对疏干流场的发展情况,疏干水量与疏干降深的关系掌握比较清楚,使疏干设计比较科学、可靠。这种试验的缺点是:必须在井下进行,要在井巷中修筑排水系统,施工条件比较差。

放水试验的观测孔可以在地面也可以在井下,但以地面观测孔为宜。

2.5.2　采煤对地下水影响预测与评价

2.5.2.1　矿井涌水量的变化及影响因素

（1）矿井涌水量的变化

煤炭开采过程中涌水量的大小变化一般分为 3 个阶段。第一阶段，在开采初期，矿井涌水主要来自煤层自身和疏干上层潜水，涌水量较小，水质较好，影响范围较小。第二阶段，在开采中期，随着采空范围的增大，采空区间逐渐扩大，加之由于煤炭开采过程中回采放顶，爆破振动，造成了煤层顶板破碎、甚至塌陷。上层区域性构造断裂相沟通，相应煤层以上含水层相互渗透，加之地下水及坡面径流、河道中的地表水沿塌裂区及次生构造下渗补给矿井，因而矿井涌水量越来越大，且水质迅速恶化。同时，上层各含水层地下水储水量不断被疏干渗漏，地下水降落漏斗不断扩大，地下水的补排条件逐渐被改变。从矿井涌水量来源构成分析看，来自含水层中的疏干水量较大，地表水补给从无到有逐渐增大。当采空范围达到一定规模时，地下水降落漏斗具备了最佳渗透能力，疏干补给矿井的水量达到最大。采煤地层中可能造成的裂缝也逐渐发展并延伸，有的延伸到地表，和地表裂缝相互串通。当地表水体流经裂缝带，下渗到地下，形成矿井水。这一时期，地表水渗漏补给量比例加大，矿井涌水达到最大。第三阶段，在开采末期，开采层以上地下水储存量逐年被疏干，地下水降落漏斗也逐渐趋向于稳定，地下水及疏干补给越来越小。另外，由于采煤塌陷区裂缝、裂隙随雨水泥沙逐步淤积及农业耕作的影响，地表渗漏补给量比最大期的有所减少。这一时期，矿井涌水主要是地表水渗漏补给及降雨入渗补给，而地下水及疏干补给已不占主要地位。因而，这一时期，矿井涌水量可能逐渐下降，并趋向于稳定，矿井涌水量与降水量的变化对应关系更加密切。

（2）矿井涌水量预测的影响因素分析

① 矿井水的补给条件

流入矿井的水，包括矿井揭露的煤体及其围岩本身储存的地下水的静储量，通过不同岩层或岩体和不同途径进入矿井的地下水的动储量，某些情况还有来自深层的承压水。因此在预测矿井涌水量时，应当首先考虑充水因素影响的强度和延续时间，然后考虑矿井充水的补给范围、补给面积和补给边界。

② 岩石的性质与产状

地表水及地下水是通过煤层围岩流入矿井的，因而矿体及其围岩的岩石性质和产状，在很大程度上控制了地下水运动的特征。在地壳岩石圈中，岩石性质和产状无论在空间和时间上都有不同程度的差别，因此，应详尽地研究岩层（体）及岩层组的以下特点：岩石成分、粒度、形状、排列和胶结情况；岩石的孔隙、裂隙、喀斯特发育的性质与强度；岩层（体）及岩层组的岩石性质在水平和垂直方向上的变化规律及递变的急剧程度。

③ 煤层的开采方式

不同的煤层开采方式，会直接影响矿井充水程度与进水条件的改变。因此，在预测矿井涌水量时，除了分析自然地理、地质与水文地质因素外，还必须考虑到煤层开采方式的影响。

井下的开采方式包括竖井和坑道。对于倾斜坑道，在预测矿井涌水量时，可以依照倾斜角度大于 45°和小于 45°分别以垂直和水平坑道的方法计算。

2.5.2.2 采煤对地下水资源量的影响预测

（1）动静储量的破坏估算

在以往采煤对地下水资源量影响的评价中常采用吨煤排水系数来评价采煤对地下水破坏，它仅与煤炭产量有关。但实际情况是采煤将含水层一旦破坏，含水层是不可恢复的，并不与采煤的进行与否有关。矿井排水量而与水文地质条件、构造、煤层的埋藏深度、开采面积、降水量及开采阶段有关。采用动储量及静储量两个量来评价采煤对地下水的破坏。

① 静储量的破坏。

煤层开采后，由于顶板的冒落，使采空区上覆含水层遭到破坏，原来储存于含水层中的水在短时间内排空，这部分水即为静储量。该量为一个与含水层本身特征有关的固定量，对其破坏是一次性的。静储量与矿区采煤破坏的含水层的厚度、采空区面积以及含水层的给水度有关，其计算公式如下：

$$Q_{静} = \sum_{i=1}^{n} H_i S_i \mu_i \qquad (2-7)$$

式中，$Q_{静}$ 为采煤破坏的静储量，万 m^3；H_i 为采煤破坏的含水层的厚度，单位 m；S_i 为煤矿采空区面积，面积万 m^2；μ_i 为含水层的给水度。

② 动储量的破坏。

在含水层被破坏后，矿井涌水量迅速增大，而随着时间的延长，排水量将逐渐趋于相对稳定，这个相对稳定量称为动储量。它受地形、构造、降水量、煤层埋藏深度及采煤方法等因素影响。该量为一变量，其破坏是永久性的。与各矿区采空区面积及各矿区采煤破坏的地下水模数有关，其计算公式如下：

$$Q_{动} = \sum_{i=1}^{n} S_i M_i \qquad (2-8)$$

式中，$Q_{动}$ 为采煤破坏的动储量，单位万 m^3/h；S_i 为各煤矿采空区面积，单位万 m^2；M_i 为各煤矿采煤破坏的地下水模数，单位 $m^3/(h \cdot m^2)$。

（2）矿井涌水量预测的基本方法

矿井涌水量是从煤矿开拓到回采过程中单位时间内流入矿井的水量。涌水量的大小在一定程度上反映了采煤对地下水的破坏程度。因此预测在采煤过程中各开采阶段的涌水量是非常重要的。但矿井涌水量的正确评价一直是矿井水文地质工作中一项复杂而困难的工作。

① 影响矿井涌水量的地质和水文地质条件复杂多变。在不同的矿井，影响矿井涌水量的因素变化很大，所以很难有单一成熟的矿井涌水量预测方法直接套用。

② 矿井所用于的地质与水文地质条件资料差别很大。有些矿井进行了专门的水文地质试验工作，积累了丰富的地下水系统工程空间域上的水文地质信息资料；有些矿井在长期的生产和建设过程中积累了与矿井生产相关的时间域上的序列信息资料。为了有针对性的根据不同矿井的时间情况预测矿井涌水量，需要研究矿井水文地质条件，需要选择和研究不同的矿井涌水量计算方法。

③ 矿井充水条件千差万别。矿井的充水模式及采矿空间与充水含水层、隔水层的空间位置及其结构关系千差万别。地下水由充水水源进入矿井的水流运动形式千差万别，常见的预测方法很难准确地刻画这些条件。

为了较为准确且符合实际地预测矿井涌水量,需要研究和选择不同的矿井涌水量预测计算方法。不同的矿井涌水量预测方法有其特定的使用条件。针对某个矿井选择什么样的计算方法,要视具体的水文地质条件及其所拥有的水文地质资料特点而定。在条件允许的情况下,对于一个矿井可采用不同的方法进行矿井涌水量预测评价,进而通过比较和综合分析选择确定较为准确的矿井涌水量。最常见的矿井涌水量预测计算方法有解析法、数值法、外推法、水文地质比拟法和水均衡法。

① 解析法。

解析法是矿井涌水量预测中应用较为广泛的方法之一。解析法要求将不规则的边界形态简化为满足解析解条件的规则几何形状,如圆形、矩形、平行直线、正交直线形态等。

（a）稳定井流解析法基本原理。

在矿井疏干排水过程中,当矿井涌水量及疏干区附近的水位降低,仅随季节变化做一定范围的波动外,均呈现相对稳定状态时,即可以认为以矿井为中心形成的地下水渗流场,基本符合稳定井流条件,可近似应用以裘布依基本方程为代表的稳定井流解析公式,解决矿井涌水量预测问题。若以势函数表示开采影响区内外边界的水头,则用稳定井流公式来估算矿井涌水量可表示为:

$$Q = 2\pi(\varphi_R - \varphi_{r_0})/\ln\frac{R}{r_0} \tag{2-9}$$

式中,φ 为疏干区外补给边界（R）与矿坑内边界（r_0）处的势函数,当无压状态时 φ 为 $Kh^2/2$,承压状态时为 KMh;K 为含水层渗透系数;M 为承压含水层厚度;h 为地下水动水位,外边界水头以 H 表示,内边界水头以 h_0 表示。

若有各种边界条件作用,并有矿井联系排水所形成的复杂疏干流场,则可以用各内外边界势的叠加求得:

$$\varphi_{R总} - \varphi_{r_0总} = \sum \varphi_{R1} - \sum \varphi_{r_{01}} \tag{2-10}$$

式中,$\varphi_{R总}$ 为联系疏干漏斗外边界的势函数;$\varphi_{r_0总}$ 为联系疏干漏斗内边界的势函数;φ_{R1} 为单独排水映射井虚构疏干漏斗外边界的势函数;$\varphi_{r_{01}}$ 为单独排水映射井虚构疏干漏斗内边界的势函数。

依据势叠加原理,可求得不同边界条件下矿井涌水量预测公式,其通用公式可以写成:

$$Q = \frac{2\pi(\varphi_{R总} - \varphi_{r_0总})}{R_A} \tag{2-11}$$

式中,R_A 为边界条件系数,根据不同的边界条件采用映射井势函数叠加给出。

分析稳定井流公式,若参数 K、M、h 为一定时,则矿坑涌水量 Q 是坑道壁水位降低（$s = H - h_0$）的函数,即

$$Q_R - Q_{r_0} = \frac{Q}{2\pi}\ln\frac{R}{r_0} \tag{2-12}$$

因此,稳定井流的矿井涌水量计算可以概括为两个方面:在已知开采水平最大水位降低的条件下,预测矿井总涌水量;在给定疏干排水能力的前提下,计算疏干区的水位降低（或压力降低）值。

（b）非稳定井流解析法的原理。

在矿区疏干过程中,若矿井涌水量及其疏干漏斗不断扩展,则以矿井为中心的地下水辐

射流场呈现不稳定状态。在已知初始条件与边界条件的前提下,流场内任何时间任一点的水头,均可按泰斯解的水头函数表示:

$$U(r,t) = \frac{Q}{4\pi k}W(u) \tag{2-13}$$

式中,$U(r,t)$为水头函数,当无压状态时 $U=(H^2-h^2)/2$,承压状态时 $U=M(H-h)$,承压转无压状态时 $U=[(2H-M)M-h^2]/2$;$W(u)$为井函数,$u=\frac{\mu\gamma^2}{4Tt}$;$\mu$根据含水层的水力性质而异,无压水时为重力给水度,承压水时为弹性给水度;T为导水系数;t为疏干时间。

当 T、μ 等参数确定时,非稳定井流理论表达了矿区疏干过程中,疏干量 Q、水位降 s 与疏干时间 t 三变量之间的函数关系。因此,只要给出其中两个变量的规律就可以推算另一个变量的规律。可以写出 Q、s、t 三变量的井流公式。

当给定 Q、t,求 s 的公式如下:

$$s(r,t) = \frac{Q}{4\pi T}W(\frac{\mu r^2}{4Tt}) \tag{2-14}$$

其物理意义是在定流量 Q 的疏干过程中,疏干流场内任意点 r 的水位降 s 是疏干时间 t 的函数。它可以按排水能力的大小,研究开采区地下水疏放降压漏斗的形成与扩展过程,即可预测计算地下水疏干漏斗范围内各点(r)水头函数 s 随时间 t 的变化规律,以规划回采速度与顺序,以及其他开采措施。

当给定 s、t,求 Q 的公式如下:

$$Q = \frac{4\pi Ts}{W(\frac{\mu r^2}{4Tt})} \tag{2-15}$$

其物理意义是在定降深 s 疏干时,流量 Q 是时间 t 的函数,它能为要求在一定时间段 t 内,完成某开采水平降深 s 的疏干任务,而选择合理的疏干量 Q 或者预测达到某疏干深度 s 后,矿坑涌水量 Q 随时间 t 的变化规律,以获得雨季最大涌水量 Q_{max},及其出现的时间 t。

当给定 Q、s,求 t 的公式如下:

$$t = \frac{\pi r^2}{4T}\frac{1}{W^{-1}(\frac{4\pi Ts}{Q})} \tag{2-16}$$

其物理意义是时间 t 又可认为是疏干过程中疏干量 Q 或水位降 s 的函数,它可以根据疏干强度 Q,计算达到某疏干水平 s 所需的时间 t,或者进一步预测疏干漏斗扩展到某重要外边界的时间 t。这种扩展可导致严重后果,如侯水水源地遭破坏或溢泉断流等。

② 数值法。

用数值离散方法求解描述疏干流场的数学模型时,有两个途径即有限差分法和有限单元法。其数学模型如下:

$$\left.\begin{aligned}&\frac{\partial}{\partial x}(T_x\frac{\partial h}{\partial x}+T_y\frac{\partial h}{\partial y})+W-E=S\frac{\partial h}{\partial t}\quad (x,y)\in G,t>t_0\\&h(x,y,t)\mid t_0=h_0(x,y)\quad (x,y)\in G,t>t_0\\&h(x,y,t)\mid r_1=h_1(x,y,t)\quad (x,y)\in r_1,t>t_0\\&T\frac{\partial h}{\partial n}\mid r_2=Q(x,y,t)\quad (x,y)\in r_2,t>t_0\end{aligned}\right\} \tag{2-17}$$

式中,T 为导水系数承压水为 KM,潜水为 $K(h-H_0)$;S 为贮水系数,承压水时为 μ^*,潜水时为 μ;H_0 为含水层底板标高;h 水位标高;W 水量附加项;E 为扩充项,取决于顶底板弱透水层的越流系数($\eta=\dfrac{K_z}{d_z}$),其中 K_z 为越流层垂向渗透系数,d_z 为越流层厚度,以及相邻含水层与计算层的水头差(h_2-h_1),其关系为 $E=\eta(h_2-h_1)$。

数值法通常在求得参数后,将疏干井巷以定水头Ⅰ类边界处理,并依据外边界条件求得相应疏干条件下的流场,最终输出预测井巷的涌水量、水位和时间。

③ Q-S 曲线外推预测法。

Q-S 曲线外推法,就是按观测的生产矿井涌水量 Q 与水位降深 S 之间的函数关系,建立 Q-S 曲线方程,外推未来疏干降深水位时的涌水量。Q-S 曲线的精确度受到矿床水文地质条件、抽水井的结构及时间的影响。允许外推的范围一般不超过抽放水试验的最大降深的 $2\sim3$ 倍。这种方法避开了求取各种水文地质参数,计算简便,适用于水文地质条件复杂且难于取得有关参数的矿区。Q-S 曲线可以归纳为 4 种,如图 2-5 所示。

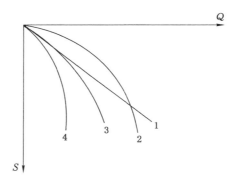

图 2-5　抽水试验的 Q-S 曲线图

图 2-5 中 1:直线形 $Q=qS$。

图 2-5 中 2:抛物线形 $S=qQ+bQ^2$,用 Q 除之,则得 $S_0=a+bQ$。

图 2-5 中 3:幂曲线形 $Q=a\sqrt[b]{S}$,两边取对数,则得 $\lg Q=\lg a+\dfrac{1}{b}\lg S$。

图 2-5 中 4:对数曲线形 $Q=a+b\lg S$。

把已观测到的涌水量与对应水位降深资料放到表征各关系式的不同坐标系中,看在哪个坐标系里符合即符合哪种曲线类型,确定类型后再确定参数 a、b,求得有关的方程参数后,将它和疏干设计水位降深(S)带入原方程,即可以求得预测矿井涌水量。

④ 水文地质比拟法。

此类方法是以相似比拟理论为基础建立起来的。因此要求比拟地段的水文地质条件与预测地段的水文地质条件相似。这样才能用已知的相似水文地质条件的生产矿区的地下水和开采资料,预测相似水文地质条件的煤炭开采区的涌水量。该方法最适用于已采区深部水平和外围矿段的涌水量预测,也可用于具有相似条件的新矿区。

(a)富水系数比拟法。

根据矿井涌水量随开采矿量的增长而增大的规律建立的。富水系数是一定时期内从矿

井排出的总水量 Q_0 与同期内的开采矿量 P_0 之比,以 k_p 表示,其公式为:

$$k_p = \frac{Q_0}{P_0} \tag{2-18}$$

预测时将生产矿井的 k_p 值乘以同时期新矿井的设计开采量 P,即得新矿井的涌水量 Q。

由于不同矿山的 k_p 值变化范围不同,为排除生产条件的影响,对此进行修正,提出采空面积 F_0(富水系数 $k_p = \frac{Q_0}{F_0}$)、采掘长度 L_0(富水系数 $k_L = \frac{Q_0}{L_0}$)、采空体积 V_0(富水系数 $k_v = \frac{Q_0}{V_0}$)等新比拟因子。预测时,可以上述各富水系数的综合平均值为比拟依据。

(b)单位涌水量比拟法。

疏干面积(F_0)和水位降深(S_0)通常是矿井涌水量(Q_0)增大的两个主要因素。据相似矿井有关资料求得的单位涌水量平均值(q_0),常作为预测新矿井在某个疏干面积 F 和水位降深 S 条件下涌水量的依据。单位涌水量是根据地下水符合层流状态和裘布依方程给出的:

$$q_0 = \frac{Q_0}{F_0 S_0} \tag{2-19}$$

矿井涌水量为:

$$Q = q_0 F S = Q_0 \left(\frac{FS}{F_0 S_0} \right) \tag{2-20}$$

当地下水符合紊流状态时,

$$q_0 = \frac{Q_0}{F_0 \sqrt{S_0}} \tag{2-21}$$

矿井涌水量为:

$$Q = q_0 F \sqrt{S} = Q_0 \frac{F}{F_0} \sqrt{\frac{S}{S_0}} \tag{2-22}$$

⑤ 水均衡预测法。

一些位于分水岭地段的裸露型充水煤矿,主要接受大气降水补给。对于这种煤矿,难于使用解析法等预测矿井涌水量,最适于采用非渗流模型水均衡方程进行预测矿井涌水量。水均衡方程是依据水均衡原理,在查明煤矿开采时的各项水收入、水支出之间的关系的基础上建立起来的。对于处于独立水文地质单元的煤矿,可以用水均衡法进行预测涌水量。

2.5.2.3　最大突水量预测

在以断层或陷落柱为通道的突水过程中,突水量具有从逐渐增大、达到最大值、逐渐减小、趋于稳定的明显变化过程。水量逐渐增大的原因是突水通道逐渐扩大。当突水通道扩大到水量达到最大值时,突水量就不再增加。突水量逐渐减少是因为水压逐渐减小。承压水不仅使突水通道扩大,而且能使通道的内壁变得光滑,从而减少了突水过程的沿程阻力。由于在最大突水量时,突水通道的内壁已经达到了最光滑的程度,所以在建突水模型时,突水通道可用光滑管来模拟。设含水层的水位标高为 H_1,底板突出的水柱标高为 H_2,突水通道的长度为 L,承压水流动沿程阻力造成的压头损失为 h(见图 2-6)。

根据伯努利方程有:

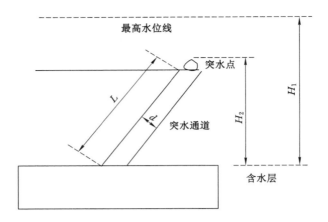

图 2-6 底板突水模型

$$H_1 = H_2 + h \tag{2-23}$$

设沿程阻力系数为 f，突水通道的管径为 d，水流速度为 v，重力加速度为 g，则有

$$h = 4f\frac{Lv^2}{dg} \tag{2-24}$$

当流体充满突水通道做连续流动时，若在任一截面上流体的流速、流量、压强、温度等参数都不随时间而变动，这种流动称为稳定流动。稳定流动又分为两种流动类型：层流和湍流。流体的流动形态可以用雷诺数 Re 来判别。雷诺数 Re 与流速 v、管径 d、流体黏度 μ、流体密度 ρ 有关。当 $Re < 2\,000$ 时为层流，有 $f = \dfrac{8}{Re}$。当 $Re > 4\,000$ 时为湍流，有 $f = 0.023Re^{-0.2}$。当 $2\,000 < Re < 4\,000$ 时为过渡流，即若流动形态原来是稳定的层流，则到这个范围内流动形态仍旧是层流；若原来是稳定的湍流，则到这个范围内流动形态仍旧是湍流。

若底板突水的水流为层流，则可得：

$$v = \frac{d^2 \rho g h}{32\mu L} = \frac{d^2 \rho g}{32\mu L}(H_1 - H_2) \tag{2-25}$$

则突水量 Q 为：

$$Q = v\pi\frac{d^2}{4} = \frac{\pi \rho g d^4}{128\mu L}(H_1 - H_2) \tag{2-26}$$

若底板突水的水流为湍流，则可得：

$$v = L^{0.556\ln\frac{\rho^{0.2}d^{1.2}}{0.092L\mu^{0.2}}(H_1 - H_2)} \tag{2-27}$$

则突水量 Q 为：

$$Q = \frac{\pi d^2}{4}L^{0.556\ln\frac{\rho^{0.2}d^{1.2}}{0.092L\mu^{0.2}}(H_1 - H_2)} \tag{2-28}$$

2.5.2.4 采煤对地下水影响范围的确定

（1）经验公式

对于潜水含水层，一般采用库萨金公式对采煤影响范围进行近似计算，其公式为：

$$R = 575S\sqrt{KH} \tag{2-29}$$

式中，H 为潜水含水层厚度，单位 m；K 为矿井疏干含沙沙层渗透参数，单位 m/d。

对于承压水含水层,一般采用奚哈脱公式对采煤影响范围进行近似计算,其公式为:

$$R = 3\,000S\sqrt{K} \tag{2-30}$$

式中,R 为采煤影响半径,单位 m;K 为矿井疏干含水层渗透系数,单位 m/d。

（2）大井法

在矿井疏干过程中,当矿井的涌水量(包括其周围的水位降低)呈现相对稳定的状态时,即可认为以矿井为中心形成的地下水辐射流场基本满足稳定井流的条件。虽然矿井的形状极不规则,但在理论上可将形状复杂的坑道系统看成是一个大井。不规则坑道系统的圈定面积相当于大井的面积。整个坑道系统的涌水量,就相当于大井的涌水量,从而可以近似应用裴布依的稳定流基本方程计算矿井涌水量。这种矿井涌水量预测方法称为"大井法"。

对于承压水,矿井涌水量为:

$$Q = \frac{2\pi KM(H - h_0)}{\ln R - \ln r_0} \tag{2-31}$$

对于潜水,矿井涌水量为:

$$Q = \frac{\pi K(H^2 - h_0^2)}{\ln R - \ln r_0} \tag{2-32}$$

对于承压转无压水,矿井涌水量为:

$$Q = \frac{1.366KM(2H - M)}{\lg R_0 - \lg r_0} \tag{2-33}$$

式中,Q 为矿井疏干预测涌水量,单位 m³/d;K 为矿井疏干含水层渗透系数,单位 m/d;M 为矿坑疏干含水层厚度,单位 m;H 为含水层水头高度,单位 m;h_0 为疏干时的水头高度,单位 m;R 为影响半径,单位 m;为引用影响半径,单位 m;r_0 为大井半径,单位 m。

对于采煤影响范围的确定,主要是计算采煤影响半径 R。虽然前面介绍了计算影响半径的经验公式,但它们计算的结果有一定的误差。例如,采用库萨金经验公式 $R = 575S\sqrt{KH}$ 对裂隙水进行计算时,其计算的值一般偏小;利用奚哈脱经验公式 $R = 3\,000S\sqrt{K}$ 对承压水含水层,可以作近似的计算,但其计算的结果一般偏小。而大井法的影响半径处在矿井涌水量计算公式分母的位置,如果计算的影响半径偏小,就会导致计算的矿井涌水量偏大,这是一般地质报告计算矿井涌水量偏大的主要原因。为了比较准确地预测煤层开采后的影响范围,最好是利用大井法公式反求影响半径。

大井法确定影响范围的具体步骤为:首先根据煤矿巷道系统面积计算大井半径 r_0,然后根据含水层条件把实测矿井涌水量 Q、含水层渗透系数 K、含水层厚度 M、水头高度 H 和大井半径 r_0 代入上述公式,即可求得影响半径 R,从而确定出采煤的影响范围。

第3章 冒顶片帮地质灾害及其防治

3.1 冒顶片帮地质灾害

人们在地下采矿活动过程中,进行着两种截然相反的工作,即破坏岩体和维护岩体。例如,开挖井巷、开采矿体,就是破坏岩体;但在采掘体周围的岩体(围岩)时要维护其他岩体,使地下采矿活动稳定安全的进行。了解地压、控制地压,就是为了维护围岩,从而保证井下(地面)安全作业。

广义上说,地压是指地下工程活动所引起的任何形式的围岩失稳破坏的过程。在岩体中开挖了巷道,若巷道周围的岩体不够稳固就可能发生破坏、崩塌,要是其中架设了支架,支架就要承受围岩的压力。如果支架强度不足以抵抗围岩的压力,则支架将发生破坏。巷道围岩或支架破坏的现象即所谓地压现象。由于巷道开挖于地层之中,支架所承受的压力就是地层压力。因此从狭义上述或,地压就是指巷道中的支架所承受的地层压力。

在采矿生产活动中,冒顶片帮事故是最常发生的事故。由于岩石不够稳定,当强大的地压传递到顶板或两帮时,岩石就会遭受破坏而引起冒顶片帮。

大多数情况下,在冒顶之前,会有以下预兆出现。

① 发出响声,岩石下沉断裂。顶板压力急剧加大时,木支架会发出劈裂声,紧接着出现折梁断柱现象;金属支柱的活柱急速下缩,也发出很大声响;铰接顶梁的楔子被弹出或挤出;底软时支柱钻底严重。有时也能听到采空区内顶板发生断裂的闷雷声。常常在井下工作人员还没有听到之前,老鼠在洞里已经听到了,所以在井下岩层大破坏或大冒顶之前,有时会看到老鼠"搬家",甚至可以看到老鼠像受惊的野马,到处乱窜。

② 掉渣。顶板严重破裂时,折梁断柱就要增加,随之出现顶板掉渣现象。掉渣越多说明顶板压力越大。

③ 片帮。冒顶前岩壁所受压力增加,片帮增多,这就说明有冒顶危险。

④ 裂缝。顶板的裂缝,另一种是地质构造产生的自然裂缝,一种是由采空区顶板下沉引起的采动裂缝。老工人的经验是:流水的裂缝有危险,因为它深;缝里有水锈的不危险,因为它是老裂缝。茬口新的裂缝有危险,以为它是新生的。

⑤ 脱层。顶板快要冒落的时候,往往会出现脱层的现象。检查顶板时要用问顶棚方法,如果声音清脆表明顶板完好;若顶板发出"空空"的响声,说明上下岩层之间已经离层。

⑥ 漏顶。破碎的顶板,在大面积冒顶之前,有时因为背顶不严和支架不牢出现漏顶现象。漏顶若不及时处理,会使棚顶托孔、支架松动,顶板岩石继续冒落,就会造成没有声响的大冒顶。

⑦ 淋雨增加。顶板的淋头水量有明显的增加。

在井下工作的人员,当听到或者看到上述冒顶预兆时,必须立即停止工作,从危险区搬到安全地点。必须注意的是:有些顶板本来节理发育裂缝就较多,有可能发生突然冒落,而且在冒落前没有任何预兆。

3.2　冒顶片帮原因

正常情况下,岩矿在地壳内部似乎处于应力平衡状态的。由于开掘、采矿,切割了岩矿,破坏了原岩的应力平衡状态,使井巷、采场周围岩矿的应力重新分布,以致岩矿出现变形;加上岩层的节理、断裂构造等的共同作用,顶板岩矿就发生坍塌冒落,这种冒落就是常说的冒顶事故。如果冒落部位处于巷道的两帮,就称为片帮。

冒顶事故的发生,一般是由于自然条件,生产技术和组织管理等多方面的主客观因素共同作用的结果。冒顶片帮的原因主要有以下几点。

3.2.1　采矿方法不合理和顶板管理不善

采矿方法不合理,采掘顺序、凿岩爆破、支架放顶等作业不妥当是导致此类事故的重要原因。例如,某矿矿体顶板岩石松软、节理发达、断层裂隙较多,过去采用了水平分层充填采矿法,加上采掘管理不当,导致顶板暴露面积过大,冒顶事故经常发生。后来该矿改变了采矿方法,加强了顶板管理,冒顶事故就显著减少。

3.2.2　缺乏有效支护

支护方式不当、不及时支护或缺少支架、支架的支撑力和顶板压力不相适应等,是造成此类事故的另一重要原因。例如,某矿采场顶板与底盘的走向断层相交形成了三角岩构造,对此本应选用木垛与支柱的联合支护方案,但只打了 40 多根立柱,当顶板来压后,立柱大部分被压坏,发生了冒顶事故。

一般在井巷掘进中,遇有岩石情况变坏、有断层破碎带时,如果不及时加以支护,或支架数量不足,均易引起冒顶片帮事故。

3.2.3　检查不周和疏忽大意

大部分冒顶事故属于局部冒落及浮石砸死或砸伤人员的事故。许多事故是因为缺乏认真、全面的检查,疏忽大意等。冒顶事故一半多发生于爆破后 1～2 h 这段时间里。这是由于顶板受到爆炸波的冲击和振动而产生新的裂缝,或者使原有断层和裂缝增大,破坏了顶板的稳固性,这段时间往往又正好是工人们在顶板下作业的时间。

3.2.4　浮石处理操作不当

浮石处理操作不当引起冒顶事故,大多数是处理前对顶板缺乏全面、细致的检查,没有掌握浮石情况而造成的。

3.2.5　地压活动

有些矿山没有随着开采深度的不断加深而对采空区及时进行处理,因而受到地压活动的危害,频繁出现冒顶事故。

3.2.6 其他原因

不遵守操作规程进行操作;发现险情不及时处理;工作面作业循环不正规;推进速度慢;爆破崩倒支架等,这些都容易引起冒顶片帮事故。

3.3 冒顶片帮防治

3.3.1 冒顶片帮事故的预防

要防止冒顶片帮事故的发生,必须严格遵守安全技术规程,从多方面采取综合预防措施。

(1)选用合理的采矿方法

选择合理、安全的采选矿方法,制定具体的安全技术操作规程,建立正常的生产秩序和作业制度,是防止冒顶片帮事故的重要措施。

(2)搞好地质调查工作

对于工作面推进地带的地质构造要调查清楚,通过危险地带时要采取可靠的安全措施。

(3)加强工作面顶板的管理与支护

为了防止掘进工作面的顶板冒落,必须使永久支架与掘进工作面之间的距离不得超过3 m。如果顶板松软,那么这个距离还应缩短。在掘进工作面与永久支架之间,必须架设临时支架。

必须加强工作面顶板的管理,对所有井巷均要定期检查。若发现弯曲、歪斜、腐朽、折断、破裂的支架,必须及时进行更换或维修。要选择合理的巷道支护方式。巷道支架应有足够的支护强度以抗衡围岩压力。支架所能承受的变形量,应与巷道使用期间围岩可能的变形量相适应。

(4)及时处理采空区

矿山开采应处理好采矿区与采空区的关系。采用正确的开采顺序,及时充填、支护或崩落采空区。

(5)坚持正规循环作业

要坚持正规循环作业,加快工作进度,减少顶板悬露时间。

(6)加强对顶板和浮石的检查与处理

浮石是采场和掘进工作面爆破后极为常见而普遍存在的。要严格检查和清理浮石,防止浮石掉落造成伤亡事故。可采用简易方法和仪器对顶板进行检查与观测。

3.3.2 冒顶事故处理的基本原则

冒顶事故发生后,为了防止事故的扩大,应积极组织进行处理,尽快抢救遇险人员,使采矿工作早日恢复。冒顶事故处理的方法应根据冒顶区岩层冒落的高度、冒落岩石的块度、冒顶的位置和冒顶影响范围的大小来决定。同时,要根据岩层厚度、开采方法等采取相应的措施。处理顶板事故的主要任务是抢救遇险人员及恢复通风等。冒顶事故处理的基本原则如下：

① 探明冒顶区范围以及被埋、压、截堵的人数及可能的所在位置，并分析抢救、处理条件，采取不同的抢救方法。

② 迅速恢复冒顶区的正常通风。若一时不能恢复正常通风，则必须利用压风管、水管或打钻向埋压或截堵人员供给新鲜空气。

③ 在事故处理中必须由外向里加强支护，清理出抢救人员的通道。必要时可以向遇险人员出开掘专用小巷道。

④ 在抢救处理中必须有专人检查和监视顶板情况。若顶板威胁遇险人员则可用千斤顶、撬棍等工具移动石块，救出遇险人员。

3.3.3　冒顶处理技术措施

① 巷道发生冒顶，必须在专职安全员的带领下，对冒顶现场进行认真观察，检查冒顶区周围巷道的安全状况，确定对冒顶区的支护形式、处理方法等措施。

② 发生重大冒顶事故，现场无法确定支护型式、处理办法时，应有安全部门组织主管科室和矿领导参加，在现场查看研究的基础上确定支护型式、处理办法、施工措施等。

③ 处理冒顶前，先排除冒顶区周围巷道的安全隐患，理顺或关闭压坏的风水电等管线系统，确保施工人员进行安全施工。同时应在安全距离以外设置封锁线及标志，防止车辆及行人进入危险区。

④ 冒顶返修时，必须每班派专职安全员负责返修期间的安全工作。返修必须坚持由周边巷道逐步向冒顶区推进的原则，边返修边观察。遇到安全技术难题时，随时向有关部门和矿领导汇报，以便及时给予协调和解决。

⑤ 若冒顶量较小，冒落体未将巷道封死，则在支护冒顶区前应先喷射 50～100 mm 厚混凝土以封闭原岩。待配设混凝土充分凝固且冒顶区顶板、两帮及周边无明显变化时，方可进行下一步的支护。

⑥ 若冒落体将巷道完全封闭，则采用 U 形钢拱架、钎棚法护顶、喷浆封闭、注浆加固等联合支护措施进行处理。处理前严禁大量出碴，先在冒落区以外 5～10 m 处采用 U 形钢拱架支护加固巷道，并用喷网支护进行封闭，然后架设 U 形钢拱架并打钎棚处理冒顶区，在 U 形钢拱架上打入的钎棚钢轨长度不得小于 4.5 m。钢轨打完后，并将 U 形钢拱架、冒落体坡面、周围巷道喷浆封固，然后除毛，再架设钢拱架。每架设一架钢拱架，需要打入一组钎棚钢轨，然后再对巷道进行全断面喷浆封闭；依次循环进行，直至处理通冒落区。在封闭 U 形钢拱架前要预留好注浆钢管（埋深不小于 2 m）。待通过冒顶区之后，立即注浆加固冒落区。若冒顶区较长，则要求一边处理冒顶区一边进行注浆加固。

⑦ 处理冒落区过程中要保证 U 形钢支架之间连接可靠。钢支架间必须打撑子，防止冒落体压垮钢支架。

⑧ 整个冒落区处理后，根据冒落区所处巷道的服务年限，确定必要的永久支护型式。

3.3.4　复杂条件下工作面煤壁注浆加固技术实践

煤壁片帮是煤体在矿山压力作用下破碎后滑塌的一种矿压显现现象。大量开采实践表明，煤壁片帮可能砸伤井下作业人员，损坏工作面设备，还会加大支架的端面距，导致架前无支护空顶区域范围扩大。在顶板岩性比较破碎的情况下,煤壁片帮会进一步使顶板条件恶化,造成架前顶板冒漏,引发顶板事故。煤壁片帮会直接导致综采工作面产量和效益降低、综采工作面设备无法发挥生产潜能。因此,对工作面煤壁片帮进行研究具有重要的现实意义。

下面针对某矿 S3012 工作面顶板漏矸严重、割煤后出现煤壁片帮的情况,分析了煤壁片帮、冒顶的机理及其影响因素,并在此基础上提出了采用注马丽散加固煤体的控制方法及相应技术措施。

3.3.4.1 工作面概况

S3012 工作面走向长度 752 m;倾斜长最大为 141 m,最小为 120 m,平均斜长为 138 m;煤层倾角最大为 6°,最小为 2°,平均为 4°;煤层实际倾斜面积为 105 537 m²。

由于矿井地质条件复杂,受多种因素影响,S3012 工作面在回采至 2# 探煤巷时推进缓慢,煤壁片帮严重,顶板漏矸严重,这给矿井安全生产带来较大困难。为保证工作面安全顺利的回采,必须对 S3012 工作面在复杂条件下工作面治理方案进行研究,对工作面煤体采取合理的治理措施,保证工作面安全、顺利开采。

3.3.4.2 工作面煤壁片帮、冒顶原因分析

（1）工作面煤壁破坏影响因素分析

根据现场情况分析,造成 S3012 工作面煤壁片帮、顶板漏矸的主要影响因素为:① 地质构造对工作面回采的影响。根据实测数据可以发现,S3012 工作面存在大量断层,同时工作面中部位于向斜轴部,对工作面影响较大。② 破碎顶板对工作面的影响。S3012 工作面 78# 支架以北顶部留有超过 2 m 的顶煤,割煤后出现煤壁片垮,进而出现冒顶。③ 工作面煤体软弱的影响。S3012 工作面煤层厚度为 3.5~6 m,煤层硬度 $f=1$,煤层极为松软,极易片垮,最多时片垮达 2 m,给工作面顶板管理带来极大的难度。工作面不能连续推进,特别是在 S3012 工作面通过构造时,工作面煤壁片帮较严重。④ 上保护煤层开采的影响。S3012 工作面机尾 35 m 段对应上覆 S3011 工作面采空区,两层煤平均间距 35 m,如图 3-1 所示。S3012 工作面在 2# 探煤巷位置时,正处于上部保护层边缘,而上保护层仅保护了风巷及其以北 30 m 范围。在 S3011 工作面回采后,其应力向煤岩层深部转移,形成一个应力增高区,使得 S3012 工作面倾斜方向 105 m 范围位于 S3011 工作面应力升高区域,造成 S3012 工作面在回采过程中应力较大,煤壁片帮严重,顶板管理困难,影响矿井生产。⑤ 回采工艺的影响。工作面回采时采用仰斜开采,工作面巷道倾角平均 8°,易引起煤壁松软、片帮等现象。⑥ 地表地形的影响。2# 探煤巷对应地表处有一南北向的季节性溪沟,溪沟两侧存在陡坎,工作面在这一区域内埋深变化较大。

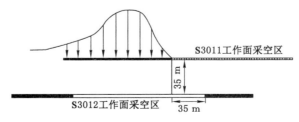

图 3-1　S3011 工作面与 S3012 空间关系示意图

（2）工作面煤壁破坏形式

工作面煤壁片帮主要形式有重力滑落式片帮、压剪式片帮和横拱形片帮。片帮形式不同,片帮的深度也不相同。重力滑落式片帮最为常见,片帮深度较小;压剪式片帮主要发生在顶板来压期间,片帮深度大,易造成工作面空顶距过大,引发端面冒顶事故;横拱形片帮在工作面内较少发生,多发生于巷道内。

S3012 工作面矿压观测期间发生片帮较为严重,基本上每刀均有不同程度的片帮发生。片帮统计结果如下:① 按片帮深度统计,片帮深度大于 1 m 的占片帮数的 20%,大于 2 m 的仅占 0.6%;② 按片帮高度统计,片帮高度大于 2 m 的占 26%,片帮高度 1～2 m 的占 46%;③ 按片帮宽度统计,片帮宽度大于 5 架的占 22.9%,片帮宽度小于 2 架的占 45.8%。由此可以看出,S3012 工作面煤壁片帮主要集中在煤壁的顶部与中部,工作面煤壁受力复杂,片帮严重,各种片帮形式均有出现。

（3）煤壁片帮机理分析

根据现场煤壁片帮的形式及相关研究分析可知,拉裂破坏和剪切破坏是其主要原因。

① 拉裂破坏。

拉裂破坏大部分发生在脆性煤体中。煤壁在自重及上覆岩层压力作用下,会在煤壁内产生横向拉应力。由于脆性煤体本身变形量较小,无法通过煤壁变形来释放横向拉应力,当横向拉应力超过煤壁抗拉强度时,煤壁即会发生拉裂破坏,产生片帮现象。

② 剪切破坏。

松软煤层的抗剪强度较低。煤壁在自重及覆岩压力作用下产生横向拉应力时,煤壁会发生蠕动变形,从而缓解或释放横向拉应力,最终由于煤壁内剪切应力大于其抗剪强度而发生剪切滑动破坏。

由上述分析可知,煤壁的片帮无论是拉裂破坏还是剪切破坏都与煤体的覆岩压力及煤体自身的物理力学性质有关。因此,降低煤壁所受覆岩压力,改变煤体物理力学性质,提高煤体自身强度是防止煤壁片帮的根本途径。

3.3.4.3　注浆加固方案

（1）注浆材料选择

注浆材料一般有水泥、水玻璃、马丽散等。对于普通煤岩体加固剂,尤其是水泥基材料,主要依靠泵压作用下的浓度渗透压力差进行渗透。而马丽散的最大优点是能够发生膨胀,在煤岩体裂隙中产生二次渗透压力,使得浆液向四周扩散。马丽散的其膨胀倍数可达到原体积的 1.5～2.5 倍,其扩散范围和充填密实度要比普通材料的高出数倍,这能够节约注浆加固成本。水泥、水玻璃之类的材料结石体抗剪强度、抗拉强度低,黏结力差,具有腐蚀性,不稳定,且操作工艺复杂,工艺要求高,不方便井下工程操作。而马丽散固结体抗压强度、抗剪强度、抗拉强度高,操作工艺简单,对周边作业环境要求低,适合大部分井下作业环境。

综上所述,选用马丽散作为注浆加固材料,其主要技术参数见表 3-1。

表 3-1　　　　　　　　　　　　　马丽散技术参数表

序号	测试项目	测试结果
1	外观	分布均匀,无结块
2	最高反应温度	79°

表 3-1（续）

序号	测试项目	测试结果
3	膨胀倍数	3 倍
4	抗老化性能(80 ℃±2 ℃,168 h)	表面无变化,质量无损失
5	抗压强度	61 MPa
6	抗剪强度	43 MPa
7	抗拉强度	41 MPa
8	黏结强度	4.5 MPa
9	标准砂固结体抗压强度	47 MPa

（2）注浆孔数及布置

① 注浆孔数。

根据煤壁破碎程度,注浆孔数按煤壁裂隙特征分 3 种情况进行确定。注浆钻孔数可依据表 3-2 选取。对于严重破碎围岩,注浆孔数一般为 6～15 个。注浆孔布置可以根据现场实际情况加以调整。

表 3-2　　　　　　　　　　　　工作面注浆孔数选择依据

裂隙等级	裂隙宽度/mm	注浆孔数
细裂隙	0.3～3	8～10
中裂隙	3～6	6～8
大裂隙	5～13	4～6

② 注浆段位置。

根据 S3012 工作面煤壁和顶板破碎情况,选择 S3012 工作面 60#～96# 支架之间和通风巷局部段作为马丽散注浆加固段,如图 3-2 所示。

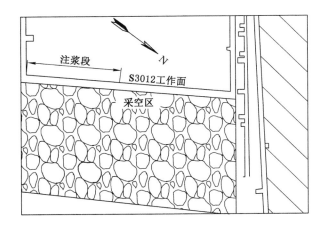

图 3-2　注浆段位置示意图

③ 注浆孔布置。

S3012 工作面注浆钻孔按单眼平行布置 $60^\#$ ～$96^\#$ 支架段,垂直于煤壁。注浆钻孔孔间距 5～6 m,注浆钻孔深度 4 m,孔径 42 mm。

（3）注浆工艺参数

注浆工艺参数包括注浆压力、浆液注入量、浆液扩散半径等。由于注浆工程属于隐蔽工程,所以其参数的计算较为困难,一般可以根据经验公式进行参数计算和确定。

① 注浆压力。

注浆压力是指注浆时克服浆液流动阻力并使浆液扩散一定范围所需的动力。考虑到岩层裂隙阻力,初始压力为 3 MPa,终止压力为 4～5 MPa。使用马丽散注浆加固时,注浆压力需根据现场实际情况确定,一般注浆压力不小于 5 MPa。

② 浆液注入量与催化剂用量。

单孔浆液注入量按下式计算:

$$Q = \lambda \frac{\pi R^2 H_1 \eta \beta}{m} \tag{3-1}$$

式中,Q 为单孔浆液注入量,单位 m^3;λ 为浆液损失系数,一般取 1.2～1.5;R 为浆液扩散半径,单位 m;H_1 为浆液段高,单位 m;η 为岩层裂隙率,一般取 0.5%～3%;β 为浆液在裂隙内的有效充填系数,一般取 0.8%～0.926%;m 为结石率。

根据公式计算及现场实际经验,破碎岩层浆液注入量参考值见表 3-3。

表 **3-3** 　　　　　　　　　　　　**破碎岩层浆液注入量参考值**

冲洗液漏失量/$m^3 \cdot (min \cdot m)^{-1}$	浆液注入量/$m^3 \cdot m^{-1}$
10～30	2～3
30～50	3～4
50～70	4～5

马丽散催化剂与马丽散树脂的混合配比为:质量比为 1∶1.17,体积比为 1∶1。

③ 注浆扩散半径。

通过对浆液的胶凝速度、渗透性和注浆终压进行调整,确定注浆有效范围为开挖轮廓线外 4 m 范围。

（4）注浆加固工艺

注浆工艺流程包括:进场前敲帮找顶→标孔→钻孔→检查钻孔质量→安装注浆管及封孔部件→封孔→准备浆液→开泵注浆→凝固→检查注浆质量→验收。

采用 ϕ42 mm 钻头的风动钻机施工注浆孔,连接 ϕ4 mm 带止浆塞的注浆管。注浆时双液进入注浆管遇芯片受阻,压力上升,浆液通过花管小孔压涨橡胶止浆塞,使其紧贴注浆孔的孔壁,压力再上升,浆液压破芯片进入加固地层,不断扩散,达到设计终压后停止注浆。

3.3.4.4 现场注浆加固实施效果

S3012 工作面在实施煤壁片帮防治措施后,煤壁片帮情况得到了很大的改善,煤壁片帮防治效果显著。

（1）提高煤壁整体强度

马丽散注浆材料进入煤体后,迅速发生反应,在膨胀作用力下产生二次渗压,将马丽散压入并充满微小裂隙。根据现场情况,浆液注入 20 min 后可产生早期强度,且在较短时间内产生极好的结合力,3～4 h 后便有较高强度,24 h 后可达到最终强度。在注浆过程中,注浆压力较低,浆液渗透能力较强。注浆 15 min 后,发现距离注浆孔约 1.2 m 处有浆液渗出,稍微停顿并做一些简单止浆处理,仍可继续灌注。由此可以看出,该浆液能将破碎煤体黏结成树脂胶结体,以良好的可注性充填空隙封闭通道,提高了煤体整体强度,增强了煤壁对顶板的支撑作用,从而有效地防止了煤壁片帮。注浆前后片帮对比情况见表 3-4。

表 3-4 注浆前后片帮对比表

分类	注浆前	注浆后
片帮深度	最深达 2.5 m,一般情况下大于 1 m,占工作面总长度 30%～40%	最深 1 m,一般情况小于 1 m,约占按工作面总长度的 5%
片帮处理	每班需要 2～3 h 处理落煤和加固煤壁	清煤时间减少,采煤率提高,片帮次数和程度均减小
影响程度	每班停采时间占生产时间 25% 以上	处理煤壁片帮时间控制在生产时间的 10% 以内

(2)日平均进刀数大幅提高

S3012 工作面注射马丽散时间为 2017 年 2 月 17 日～3 月 3 日。注射马丽散前,工作面机尾 70#～98# 支架段煤壁片帮严重,顶板破碎,需大量时间处理工作面片帮漏矸。2 月 8 日割煤 0.7 刀、9 日割煤 0.7 刀、10 日割煤 0.5 刀、11 日割煤 2.3 刀、12～14 日未割、15 日割煤 0.5 刀、16 日割煤 0.5 刀。3 月 4 日开始,工作面条件已恢复正常,煤壁及顶板条件良好,之后停止注射马丽散。3 月 4 日割煤 3.3 刀、5 日割煤 3.5 刀、6 日割煤 2 刀(中班检修电缆未割煤)。

(3)经济效益明显

S3012 工作面 2017 年 3 月份比 2 月多产原煤逾 2 万 t,按照 100 元/t 的利润计算,多创造经济效益 200 余万元,除去马丽散注浆费用 90 万元,每月实际多创造经济效益 110 余万元。

3.3.4.5 总结

① 煤壁片帮、冒顶是制约 S3012 工作面正常生产的主要因素。控制其片帮冒顶的主要思路是加固煤壁,提高煤壁附近煤体的整体强度,利用煤壁对顶板进行有效支撑。

② 通过对 S3012 工作面煤壁片帮冒顶影响因素进行分析,得出了地质构造、破碎顶板、煤体软弱、上保护层开采、回采工艺和地表地形是影响煤壁片帮冒顶的主要因素。

③ 提出了选用马丽散注浆加固方案,并设计了注浆方案及工艺参数。

④ 现场实践表明,马丽散注浆加固技术改善了工作面煤壁的稳定性,有效地控制了片帮冒顶,保障了工作面正常循环作业,经济效益明显,为同类条件下煤壁片帮冒顶的治理提供了参考。

第 4 章　深部岩爆地质灾害及其防治

4.1　岩爆类型、性质及特点

围岩处于高应力场条件下所产生的岩片飞射抛撒,以及洞壁片状剥落等现象称为岩爆。岩体内开挖地下厂房、隧道、矿山地下巷道、采场等地下工程,引起挖空区围岩应力重新分布和集中。当应力集中到一定程度后就有可能产生岩爆。在地下工程开挖过程中,岩爆是围岩各种失稳现象中反映最强烈的一种。岩爆具有突发性,在地下工程中对施工人员和施工设备威胁最严重。如果岩爆处理不当,就会给施工安全、岩体及建筑物稳定带来很多困难。

4.1.1　岩爆的类型

岩爆的特征可从多个角度去描述。岩爆分为三类:① 应变型。它是指坑道周边坚硬岩体产生应力集中,在脆弱岩石中发生激烈的破坏,是最一般的岩爆现象。② 屈服型。它是指在有相互平行的裂隙的坑道中,坑道壁的岩石屈服,发生突然破坏,常常是由爆破振动所诱发的。③ 岩块突出型。它是因被裂隙或节理等分离的岩块突出的现象,也是因爆破或地震等而诱发的。

岩爆的规模基本上可分为三类,即小规模、中等规模和大规模。小规模是指在壁面附近浅层部分(厚度小于 25 cm)的破坏,破坏区域仍然是弹性的,岩块的质量通常在 1 t 以下。中等规模是指形成厚度 0.25~0.75 m 的环状松弛区域的破坏,但空洞本身仍然是稳定的。大规模是指超过 0.75 m 以上的岩体显著突出,很大的岩块弹射出来。对于这种规模的岩爆,一般支护是不能防止的。一般声响如闪雷的岩爆规模较大,而声响清脆的规模较小。绝大部分岩爆伴随着声响而发生。岩爆发生速度较快。一般岩石爆落紧随声响后产生,其时间间隔一般不会超过 10 s。也有围岩内部裂纹的扩展而不产生破坏性爆落岩石的岩爆。

4.1.2　岩爆灾害的特点

岩爆灾害主要具有以下基本特点:① 滞后性。岩爆现象一般并不伴随岩体开挖立即发生,而往往在岩体开挖后几小时、几天甚至更长时间才发生。② 延续性。岩爆的产生并不是一次就终止了,而往往具有延续性。首次岩爆后十几天或几十天后岩爆再次发生,有的岩爆可能持续较长一个时期才结束。③ 衰减性。一般岩爆在开挖初期比较强烈。随着时间推移,能量释放强度减弱,岩爆的烈度也随之衰减。④ 突发性。岩爆现象是一种能量的突然释放,具有突发性。⑤ 猛烈性。岩爆往往表现为岩块喷射和剧烈声响,如同猛烈的爆炸。岩爆是地下工程开挖过中围岩失稳现象中最强烈的一种,是矿井生产中的最大灾害之一。⑥ 危害性。岩爆灾害往往对正常生产、设备财产以及人身安全均会产生不同程度的损害。

4.2 岩爆地质灾害形成条件与机理

4.2.1 岩爆形成的条件

产生岩爆的原因有很多,其中主要原因是在岩体中开挖洞室,改变了岩体赋存的空间环境。地下开挖岩体最直观的结果是为岩体产生岩爆提供了释放能量的空间条件。地下开挖岩体改变了岩体的初始应力场,引起挖空区周围的岩体应力重新分布和应力集中。围岩应力有时会达到岩块的单轴抗压强度,甚至超过它,这是岩体产生岩爆必不可少的能量积累动力条件。具备上述条件的前提下还要从岩性和结构特征上去分析岩体的变形和破坏方式,最终要看岩体在宏观大破坏之前储存有多少剩余弹性变形能。当岩体由初期逐渐积累弹性变形能,到伴随岩体变形和微破裂开始产生、发展,岩体储存弹性变形能的方式转入边积累边消耗,再过渡到岩体破裂程度加大,积累弹性变形能条件完全消失时,弹性变形能全部消耗掉。至此,围岩出现局部或大范围解体,无弹射现象,仅属于静态下的脆性破坏。出现这种破坏的岩石矿物颗粒致密度低、坚硬程度比较弱、隐微裂隙发育程度较高。当岩石矿物结构致密度、坚硬度较高,且在隐微裂隙不发育的情况下,岩体在变形破坏过程中所储存的弹性变形不仅能满足岩体变形和破裂所消耗的能量,满足变形破坏过程中发生热能、声能的要求,还有足够的剩余能量转换为动能,使逐渐被剥离的岩块瞬间脱离母岩弹射出去。这是岩体产生岩爆弹射极为重要的一个条件。岩体能否产生岩爆还与岩体积累和释放弹性变形能的时间有关。当岩体自身的条件相同的,围岩应力集中速度越快,积累弹性变形能越多,瞬间释放的弹性变形能也越多,岩体产生岩爆程度就越强烈。

因此,岩爆产生条件可归纳为:① 地下工程开挖、洞室空间的形成是诱发岩爆的几何条件。② 围岩应力重新分布和集中将导致围岩积累大量弹性变形能,这是诱发岩爆的动力条件。岩体承受极限应力产生初始破裂后剩余弹性变形能的集中释放量决定岩爆的弹性程度。岩爆通过何种方式出现,这取决于围岩的岩性、岩体结构特征、弹性变形能的积累和释放时间的长短。

4.2.2 岩爆产生的原因

(1) 内因

岩石的本身特性及地质背景构成了岩爆灾害发生的内因。有的岩体能发生岩爆,而有的岩体则不发生岩爆,这主要是由岩体本身的性质所决定的。一般来说,新鲜完整、质地坚硬的岩体就容易发生岩爆现象。这是因为这类岩体弹性模量高,能够聚集很大的弹性变形能,一旦这类岩体被开凿扰动,弹性变形能就会突然释放,形成岩爆。通常单轴抗压强度为 $100 \sim 200\ \text{MPa}$ 的火成岩或单轴抗压强度为 $60 \sim 100\ \text{MPa}$ 的沉积岩易发生岩爆。在发生岩爆的地区,岩体现场应力-应变($\sigma\varepsilon$)关系曲线多呈向上弯曲(凸形)、直线型、向下弯曲(凹形)系列。其中,向上弯曲的凸形 $\sigma\varepsilon$。关系曲线占 $50\% \sim 60\%$。如图 4-1 所示,贵州天生桥灰岩岩块刚性压力试验结果表明:ABC 段为致密、线弹性、屈服阶段,属岩块变形能聚集阶段;CD 段为破坏阶段,曲线略向下凸,属岩块能量损耗阶段。大量统计资料表明:聚集能大于损耗能 1.5 倍可作为判别发生岩爆的岩性条件。根据图 4-1 计算出的贵州天生桥灰岩岩块试件 1、2 的聚集能与损耗能之比平均值为 2.15（大于 1.5），说明天生桥灰岩岩块具有发生岩爆可能的特性。相关实践结果也证实了试验结果分析的正确性。

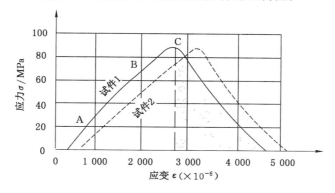

图 4-1 贵州天生桥灰岩应力-应变曲线

岩爆的发生与地应力集聚特性有密切关系。岩爆通常都发生于高地应力区域，因为岩石的弹性应变能为：

$$u = \sigma_1^2 / E \qquad (4-1)$$

在高地应力地区，最大主应力：

$$\sigma_1 = \sigma_{h \cdot \max} \geqslant \lambda H \qquad (4-2)$$

式中，$\sigma_{h \cdot \max}$ 为地应力的最大水平分量；γ 为岩石容重；H 为上覆岩体厚度。从式（4-2）可以看出，在高地应力地区，最大主应力远远大于其上覆岩体的重力，弹性应变能 u 与 σ_1^2 成正比（对于同一种岩体，其弹性模量 E 可看成常量），故高地应力容易产生较大的弹性应变能。

岩爆的发生与地形分布等地质背景因素有关。例如，有的地下工程靠近山坡或河谷坡面，地形因素会使这些地方的岩体最大主应力 σ_1 方向平行于岩坡面，并且其值很高。而与最大主应力 σ_1 方向相互垂直的 σ_3 很小，从而使 σ_1 与 σ_3 差值很大。由摩尔强度理论可知，如图 4-2 所示，当 σ_1 与 σ_3 差值小时，其摩尔应力圆在抗剪强度包络线内，岩石不会发生破坏；而当 σ_1 与 σ_3 差值大时，其摩尔应力圆达到包络线，岩石就会发生剪切破坏。因此，对于靠近山坡或河谷坡面的地下洞室，不要因为其埋深较浅就误认为不会发生岩爆现象。

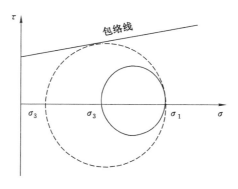

图 4-2 岩石破坏的摩尔应力圆示意图

（2）外因

在地下工程建设中，经过人工开挖，围岩体的初始应力平衡状态受到扰动，应力重新分布后，形成围岩局部应力集中，当应力集聚到一定程度时，就要释放出来，有可能形成岩爆。围岩的应力条件构成了岩爆灾害发生的外因。

产生岩爆灾害的很重要的条件之一就是围岩体中存在局部应力集中。应力集中不仅与岩体开挖前的地应力有关，而且与开挖洞室的形状及其施工方法等工程因素有关。由于地下洞室周边的环向应力集中，应力释放可能带有方向性，沿洞室轴线纵向应力的释放概率相对较小，因而在围岩中会发育平行于临空面的定向裂隙系，这可能是围岩失稳继而发生岩爆的重要原因。一般岩爆易发生于隧洞的转弯或断面的角脚处等应力集中比较突出的地方。例如，二滩水电站的 2 号探洞中 3 号支洞右边墙角处，就发生过岩粉连续喷射（粉爆）现象，喷射高度达 20～30 cm。

综上所述，岩石本身特性及其地质背景、高地应力弹性变形能的聚集、为开挖洞室形成的临空面及其平衡应力的失衡产生的应力集中等为岩爆灾害的发生创造了条件。

4.3　岩爆地质灾害防治

4.3.1　岩爆发生的判据

我国工程岩体分类标准采用的判据如下：

（1）当 $R_\mathrm{C}/\sigma_{\max} > 7$ 时，无岩爆；

（2）当 $R_\mathrm{C}/\sigma_{\max} = 4～7$ 时，可能会发生轻微岩爆或中等岩爆；

（3）当 $R_\mathrm{C}/\sigma_{\max} < 4$ 时，可能会发生严重岩爆。

其中，R_C 为岩石单轴抗压强度，$\sigma_{\max}$ 为最大地应力。

4.3.2　岩爆的防治

从岩爆灾害的一些基本特征及其发生的条件机制，结合地质灾害防治及系统工程原理，岩爆灾害的防治主要应做好以下几方面工作。

同一般地质灾害防治措施一样，防治岩爆灾害发生的技术措施可以从"躲""抗"两个途径考虑。从岩爆灾害发生的基本条件看，岩爆的发生与岩石本身特性及其地质背景有关。为防止岩爆现象发生，应加强对地质构造及地应力预测的研究，探明工程开挖区域应力分布。进行地下工程开挖选址设计时，可以考虑"躲"的办法。根据地应力状态、地形等地质条件，选择合理的洞室位置、走向和断面形态，尽量避开容易发生岩爆的区域（如高地应力地区及地质构造复杂地带），避让地下洞室经过如褶曲向斜、背斜和向斜与背斜过渡地带、断层交汇地带等。若一些重要工程实在躲避不开的情况下只能采取相应"抗"的办法，例如根据相应的工程力学计算和岩爆烈度等级采取适当的支护措施。在施工过程中还应合理设计作业方法和工序，以尽可能减少开挖作业引起的应力集中，预防岩爆灾害的发生。

从岩爆发生的机制考虑，可根据岩体地应力和相关岩石力学参数，用数值分析方法进行设计计算，同时考虑用岩爆区的相关数据反推岩体初始应力和力学参数，以预测岩爆是否会发生以及可能发生的部位、烈度、破坏范围等，为工程设计与施工提供可靠的依据。

合理地运用爆破、注水、钻孔等卸荷措施,使地应力得到合理分布,以防止岩爆现象的发生。

加强安全监测工作。在施工过程中,可用声发射仪和微震仪等设施进行岩体状态监测,做好岩爆的预测预报工作,做到及时预报,及时治理。

参照岩爆发生的能量准则,采用系统工程观点,利用事故致因理论,对地下工程进行系统分析评价,掌握能量流的流动趋势。采取措施,控制能量非正常流动,适时作出控制决策,做到预期型管理。

岩爆灾害反映出滞后性、延续性、危害性等基本特点。在工程实践中,既要预测和控制首次发生的岩爆,也要防范其时断时续、再次发生。要加强宣传教育工作,牢记安全第一方针,避免人员伤亡和设备财产损害。

4.3.3　深埋隧洞板裂屈曲岩爆支护原则与关键技术

岩爆是一种开挖卸荷条件下高地应力区地下洞室岩体自身积蓄的弹性应变能突然猛烈释放所造成的拉张脆性或张剪脆性并存的急剧破裂或爆裂破坏灾害现象。深埋高地应力条件下,相对完整的硬脆性岩体由于开挖卸荷的作用而导致围岩一定深度范围内产生多组近似平行于洞壁(开挖面)的以张拉型为主的裂纹,裂纹扩展贯通后,将围岩切割形成规律性的板状或层状结构,围岩的这种破坏现象称为板裂化破坏。切向集中应力进一步作用岩板不断积聚应变能并向开挖空间产生屈曲变形,板裂化围岩结构自身积聚的能量超过其储能极限或者在外界扰动作用(施工机械或爆破震动等)下,发生突发性失稳破坏,形成岩板压折、岩块弹射的岩爆灾害。岩爆研究可分为实录、发生机制、超前预报及控制技术四大领域。控制技术研究是最终目的。针对岩爆发生的可能性与强弱程度以及其对工程的影响提出防治措施,消除或降低岩爆对采掘面工作人员和设备等可能造成的危害。支护系统的设计是影响岩爆破坏强度的重要因素之一。

在前期有关板裂屈曲岩爆机制研究的基础上,提出板裂屈曲岩爆的支护设计原则;系统总结分析岩爆灾害下不同类型支护结构的工作机制,为支护选型提供依据;基于岩爆破坏特征,提出支护系统设计的关键技术。

4.3.3.1　板裂屈曲岩爆支护原则

板裂屈曲岩爆经历了开挖卸荷、应力调整→板裂化围岩结构形成→结构失稳、岩爆发生三个阶段,因而对支护控制提出了两大要求:一是如何抑制板裂化围岩结构的形成;二是板裂化围岩结构失稳破坏时如何充分吸收岩块冲击动能、降低岩爆烈度。基于岩爆机制的分析,提出板裂屈曲岩爆防治与防护相结合的支护控制原则。

防治支护:通过合理的支护系统的设计与优化达到抑制岩爆发生或降低其发生概率的目的,如图 4-3 所示。针对板裂屈曲岩爆孕育演化过程,防治支护的直接目的是抑制板裂化围岩结构的形成。围岩板裂化破坏其实质是裂隙扩展贯通、宏观破裂面切割围岩的过程,因而支护结构应具备显著的增韧止裂作用,有效抑制裂隙的扩展贯通、宏观破裂面的形成,以保持围岩结构完整性,同时能够及时地给予围岩较高的支护围压,尽可能使得围岩恢复三向受压的应力状态。对于已形成的岩板,高支护围压有利于抑制岩板屈曲变形、提高岩板稳定性。

防护支护:岩爆的发生是能量瞬间释放的动态过程。能量释放主要通过岩板/块弹射体

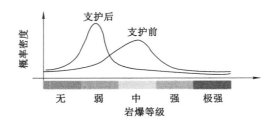

图 4-3 岩爆等级

现出来。在采取防治支护措施后仍然无法避免岩爆发生的情况下,要进行岩爆的防护支护。支护系统首先应具备足够的抗冲击强度,以抵抗冲击荷载的作用,同时应具备优异的吸收和消耗岩块冲击动能的功能,以尽可能地降低岩板块弹射速度,达到吸收和消耗岩爆冲击能量、保护开挖空间内人员和设备安全的目的。由于岩爆具有突发性及难预测性,即便是进行了系统的防治支护措施,为进一步降低岩爆的危害程度,岩爆的防护支护措施是极其必要的工作。

4.3.3.2 板裂屈曲岩爆防治-防护组合支护体系

(1)支护结构功能要求

板裂屈曲岩爆防治与防护相结合的支护原则对支护结构提出了不同的功能要求:① 显著的增韧止裂作用,抑制围岩内破坏面的发展、控制板裂化围岩结构的形成与扩展;② 形成高支护围压,改善围岩应力状态,恢复围岩三向受压状态,提高岩板稳定性;③ 速效性,能够实现快速、及时安装,安装完成后迅速发挥作用。防护支护结构应具备:① 高抗冲击强度,强烈冲击荷载作用下不发生脆断等失效现象、冲击过后继续保持原有的支护功能;② 高吸能,具备优异的吸能/耗能特性,较强的变形能力;③ 封闭性,形成全断面封闭防护体系。

(2)岩爆灾害下不同支护结构工作机制

深入理解和把握不同支护单元支护原理及其锚固力学特性是岩爆灾害下支护选型的前提,这里系统总结分析锚杆类及表面支护类支护结构工作机制,为板裂屈曲岩爆支护选型提供依据。

① 锚杆类

锚杆是支护系统中的主体支护结构。不同类型的锚杆的锚固特性截然不同,这决定了其在岩爆灾害下发挥的作用不同。锚杆分类方法有多种。例如,根据锚固类型可分为机械式和黏结式(砂浆锚固、树脂等化学锚固);根据锚固长度大小分为端部锚固、加长锚固及全长锚固。岩爆支护系统中常用的锚杆主要有全长黏结式锚杆、预应力锚杆及吸能锚杆等。

(a)全长黏结式锚杆

以砂浆锚杆为代表的全长黏结式锚杆,其支护作用体现在对岩体的补强、提高岩体承载力方面。岩体强度增大后岩爆发生概率则会有所降低。工程上对岩爆洞段围岩进行加固常采用短而密的方式布置黏结式锚杆。这种加密的锚杆布置方式能有效地将破裂岩体连接成整体,岩爆发生时能在一定程度上降低岩块的弹射量和弹射速度。此外,黏结式锚杆还被用来进行超前锚杆支护。这在太平驿引水隧洞、拉平隧洞和日本关越隧道均有成功的应用。砂浆锚杆属于典型的刚性支护结构。室内静态拉拔试验结果表明:尽管砂浆锚杆可以提供较高的支护抗力但适应变形的能力有限(通常小于 50 mm,与杆体材料及锚固剂有关)。砂浆锚杆吸能特性差。有关测试结果表明:拉拔位移 50 mm 时,砂浆锚杆静态吸能量约为 1.4 kJ。

（b）预应力锚杆

预应力锚杆作为一种主动支护结构,与普通黏结式锚杆相比,具有快速提供支护抗力的突出特点。通过施加主动预应力,有利于改善岩体应力状态,缓解围岩应力集中程度,并促使围岩内裂纹闭合、及时抑制裂隙扩展与贯通。预应力锚杆依靠垫板给围岩施加一个表面的支护力,给围岩提供了一定的支护围压,有效抑制围岩脆性破坏发生。因而预应力锚杆支护具有显著的岩爆防治效果。苍岭公路隧道和锦屏二级水电站引水隧洞工程实践证明预应力锚杆支护系统能够有效降低和抑制岩爆的发生,具有良好的应用效果。从岩爆的破坏特征来看,弱岩爆主要以岩板剥离、脱落为主要的破坏形式。锚杆在无预应力或预应力较小的情况下,剥离的岩板很容易从垫板下面发生松脱(尤其是当采用钻爆法开挖时,在掌子面附近围岩受到显著的爆破震动作用,这种现象将更为明显),这种情况下锚杆对围岩承托作用将大大减弱,而岩板脱落将进一步导致锚杆锚固力的下降,甚至出现垫板与围岩分离的现象,锚杆的支护作用丧失殆尽。

在偏心载荷作用下岩板的简支板模型中,假定不考虑锚杆对围岩的加固补强作用,只考虑其形成的支护围压效应,如图 4-4 所示;R 为围岩对岩板的支撑反力,P 为岩板临界荷载,则岩板中部最大应力与最小应力分别为:

$$\sigma_{\max} = \left[1 + \sigma \frac{e}{t} \frac{1}{H} - \frac{15q}{16E}\left(\frac{L}{t}\right)^4\right] - \frac{3}{4}q\left(\frac{L}{t}\right)^2 \tag{4-3}$$

$$\sigma_{\min} = \left[1 - 6\sigma \frac{e}{t} \frac{1}{H} + \frac{15q}{16E}\left(\frac{L}{t}\right)^4\right] + \frac{3}{4}q\left(\frac{L}{t}\right)^2 \tag{4-4}$$

式中,L 为岩板高度;e 为偏心距;t 为岩板厚度;q 为支护围压;E 为岩石弹性模量;$H = \cos\left[(L/t)(3\sigma/E)^{1/2}\right]$;$\sigma$ 为切向应力;$\sigma_{\max}$ 为岩板内最大应力;$\sigma_{\min}$ 为岩板内最小应力。

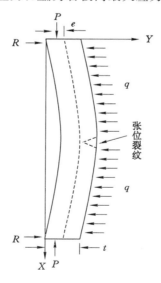

图 4-4　考虑支护围压效应的简支板模型

以锦屏大理岩为例,其主要力学参数:单轴抗压强度 σ_c 为 107.08 MPa,抗拉强度 σ_t 为 8 MPa,损伤度为 91.02 MPa,弹性模量为 36.53 GPa,泊松比为 0.18,密度为 2 700 kg/m³。

假定岩板所受切向压应力 $\sigma = 80$ MPa，绘制岩板中部极限应力值 σ_J 与支护围压之间关系曲线如图 4-5 所示。图 4-5 中灰色区域表示岩板处于稳定状态，灰色区域上方表示岩板中最大压应力超过岩石单轴抗压强度而发生的压缩破坏，灰色区域下方表示岩板中最大拉应力超过岩石抗拉强度而发生的拉伸破坏。从图 4-5 中可以看出：支护围压对于提高岩板稳定性有重要作用。当岩板高厚比 L/t 为 10、偏心距与板厚比 e/t 为 1/6 时，0.4 MPa 支护围压可避免岩板由于拉伸强度不足而发生拉伸失稳破坏；当支护围压超过 1.6 MPa 时，岩板处于稳定状态。当岩板高厚比 L/t 为 10、偏心距与板厚比 e/t 为 1/8 时，0.2 MPa 支护围压可避免岩板由于拉伸强度不足而发生拉伸失稳破坏；当支护围压超过 1.0 MPa 时，岩板处于稳定状态。由上述分析可知预应力锚杆形成的高支护围压对控制岩板稳定性起到重要作用。

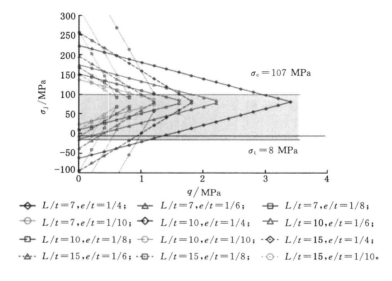

图 4-5　岩板极限应力值与支护围压关系曲线

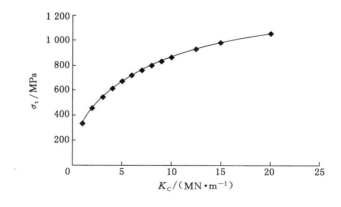

图 4-6　杆体内最大应力变化曲线

（c）吸能锚杆

普通砂浆锚杆刚度大、变形能力差，岩爆发生时容易发生脆断、剪断现象，因而其吸收岩块冲击动能的能力不强。岩爆灾害下高强度的刚性支护结构脆断现象的发生，使人们认识到增强支护结构的变形能力、提高其吸能能力对于岩爆防护的重要性。摩擦型锚杆（如水胀式锚杆、管缝式锚杆）通过杆体与钻孔孔壁的紧密挤压产生摩擦力给围岩施加锚固力，岩爆发生时依靠杆体与钻孔孔壁之间相互摩擦，消耗大量围岩冲击动能，有效降低岩爆的危害程度。实践表明，摩擦型锚杆对于弱岩爆及中等岩爆有较好的防治效果。改进的摩擦型锚杆主要采用了延性更好、强度更高的材料制成，因而其变形和吸能能力更强。此外，由于摩擦型锚杆具有安装简便、迅速的特点，在岩爆防治方面，无论是采矿行业还是土木行业，这种锚杆均得到了普遍认可。吸能锚杆的布置主要是充分吸收冲击岩块的动能，达到降低岩爆烈度、保护开挖空间内人员及设备安全的目的。基于能量平衡原理，吸能锚杆所吸收能量大小不应小于岩爆岩块冲击动能。若忽略其他形式能量的耗散，则岩块冲击动能近似等于岩板弹性应变能。锚杆吸能≥岩板弹性应变能，因而吸能锚杆布设密度应满足。

$$S_a S_c \leqslant E_{吸} \bigg/ \left[\frac{1}{L} \sum_{i=1}^{n} U_i(L, t) \right] \tag{4-5}$$

式中，$E_{吸}$ 为单根吸能锚杆吸能量大小；$S_a S_c$ 为吸能锚杆布设间排距；$U_i(L, t)$ 为单位宽度岩板弹性应变能；n 为岩板组数。

② 表面支护类

由于岩爆发生时间及部位难于准确预测，因此及时进行开挖空间内的封闭防护，对于人身及设备安全保障显得至关重要，并且全断面封闭支护后，能够降低施工人员的不安全感。岩爆灾害下的表面支护结构主要有挂网（柔性钢丝网、菱形网、焊接网）、喷射混凝土支护、钢拱架、支架（支柱）等。

（a）挂网

钢筋网通过与锚杆垫板或其他构件固定而紧贴洞壁围岩，岩爆灾害下，可在一定程度上吸收弹射岩块（片）的冲击动能，有效防止或降低弹射岩块（片）对开挖空间内人员及设备产生的伤害；充分利用挂网支护的吸能能力，可有效降低岩爆对锚杆、锚索等加固单元的损害程度。此外，当进行喷射混凝土支护时，钢筋网或钢丝网作为加固单元，可以提高喷射混凝土的强度和柔性，进而提高喷层的吸能及变形能力。

（b）喷射混凝土及钢纤维喷射混凝土

在一定喷射压力作用下，混凝土可进入围岩张开的裂隙，进而提高岩块间的黏结力，并避免或缓和围岩应力集中；由于喷层能与围岩密贴和黏结，具有紧跟开挖、及时支护、早期强度较高的特性，因此能及时向围岩提供支护抗力，从而使围岩处于三向受力的有利状态，发挥其壳体结构的支撑作用，岩爆支护工程实践表明：喷层支护可控制围岩劈裂时向临空面扩展，使其不至于脱落，及时喷混凝土对于控制岩爆引起的片帮、剥落、岩片弹射效果非常明显。

混凝土中掺入钢纤维之后，其抗弯折、抗冲击能力均有显著提高，更为重要的是，由于纤维的止裂效应，混凝土峰后延性变形能力增大，因此克服了混凝土脆性破坏的缺陷，这对于提高喷层吸能能力极为重要；而与挂网支护相比，喷射混凝土具有工序简单、施工机械化程度高、节省施工时间及劳动力的优点。在吸能能力方面，试验结果表明：一定厚度的钢纤维喷射混凝土喷层在吸能方面优于钢筋网，在防治岩爆支护中甚至可取代钢筋网，但在变形能力方面还不能完全取代钢筋网。

（c）钢拱架、支架等

支架类支护结构主要是为限制围岩位移而设置，在很大程度上提高了支护系统强度和刚度，尤其在煤矿开采巷道支护中应用较多，然而当冲击地压尤其是断层引发的冲击地压发生时，瞬间冲击力足以将刚性液压支柱冲断，对开采空间内人身和设备带来严重的危害。

（3）岩爆的防治-防护组合支护体系

高强预应力锚杆可同时满足防治支护结构的功能要求，因此应建立以预应力锚杆为主体的防治支护体系。与普通锚杆相比，各类吸能锚杆在吸能及变形方面具有显著的优势，为充分吸收岩板冲击动能，应建立以吸能锚杆为主要支护结构的防护支护体系，此外考虑到支护系统封闭性的要求，吸能及变形能力更强的钢纤维喷射混凝土、菱形挂网则是防护支护体系中必要的支护结构。

与"木桶效应"所揭示的原理一样，支护系统作为一个融合各种支护单元的整体，其支护控制效果，并非取决于性能（抗冲击强度、吸能特性等）最优的支护结构，而在很大程度上取决于支护系统中的薄弱环节，若这些薄弱环节过早失去作用，则整个支护系统支护效果（抗冲击强度、吸能特性等）将大打折扣，因此，为提高支护控制体系整体效果，应加强支护系统薄弱环节（锚杆垫板、锚杆锁紧螺母及其与杆体间的连接螺纹、挂网等），提高各支护结构之间的支护协调性。

第 5 章 地面塌陷、地裂缝地质灾害及其防治

5.1 地面塌陷、地裂缝地质灾害

5.1.1 地面塌陷、地裂缝地质灾害类型

采煤沉陷区地面塌陷、地裂缝地质灾害在地表表现形式多样。

5.1.1.1 地面塌陷

（1）塌陷漏斗（漏斗状塌陷坑）

井工开采浅部煤层，由于开采上限过高，在接近于含水松散层时，易引起透水、透砂和透泥，造成地表塌陷，形成塌陷漏斗。在开采急倾斜煤层时，在地表沿煤层露头线附近，也会断续出现一些大小不等的漏斗状塌陷坑。塌陷漏斗在平面上一般呈圆形或椭圆形，在垂直剖面上大都呈上大下小的漏斗状。也有不少呈口小肚大的坛状塌陷漏斗。塌陷漏斗一般规模不大，小者直径仅几米，大者几十米，深几米至几十米不等。

（2）塌陷槽（槽形塌陷坑）

在浅部开采厚煤层和急倾斜煤层时，地表可能沿煤层走向出现槽型塌陷坑，槽底一般较平坦，或断续出现若干漏斗状塌陷坑。

（3）台阶状塌陷盆地

在浅部开采急倾斜特厚煤层或多层组合煤层时，地表常出现范围较大的台阶状塌陷盆地。这种塌陷盆地，中央底面较平坦，边缘形成多级台阶状，每一台阶均向盆地中央有一落差，形成高低不等的台阶。

5.1.1.2 地裂缝

（1）张口裂缝

在开采缓倾斜及中倾斜煤层时，在地表沉陷盆地外缘受拉伸变形而出现张口裂缝。此类裂缝一般平行于采区边界，呈楔形，上口大，越往深处口越小，在一定深度闭合。裂缝两侧岩层有少量位移。张口裂缝一般宽数毫米至数厘米，深数米，长度与采区大小有关。有的矿区地表张口裂缝组合成地堑式裂缝和环形裂缝。

（2）压密裂缝

在开采缓倾斜至急倾斜煤层时，由于局部压力或剪切力集中作用的结果，使覆岩及地表松散层产生压密型裂缝。裂缝分布较为密集，特别在软岩层和主裂缝两侧较发育。裂口一般开口小，紧闭，长度和深度较大，裂面较为平直。

总之，井工开采煤层时，在地下形成采空区，在地表形成由上述种种沉陷地形单元组成的沉陷区或沉陷盆地。这个沉陷区的范围总是大于采空区的范围。若煤层产状平缓，则沉

陷区平面形状为椭圆形,剖面形态呈碗形或盆形;若为急倾斜厚煤层,沉陷区形态平面为长槽形或长椭圆形,剖面形态则为台阶状或堑槽状。

5.1.2　采煤沉陷区的类型及其特征

根据有关调查研究,采煤沉陷区共分为两类六型,详见表5-1。

表 5-1　采煤沉陷区类型划分及特征表

类型		名称	沉陷形式	沉陷幅度或崩塌高度	沉陷地形单元	地质灾害程度
I	一	沉陷区	缓慢沉陷,无声无震	1 m 以内	整体均匀沉降,无明显地形表现	对农田建筑物 影响不明显,无须搬迁
	二	塌陷区	大都周期性,缓慢进行	1 m 至几米	多椭圆形塌陷盆地,外缘具缓台阶状	影响明显,雨季农田积水、半绝产、村镇需搬迁
	三	严重塌陷区	周期性、突发性、急缓塌陷均有,有声有震	几米至十几米	长椭圆形或槽形塌陷坑、台阶状塌陷盆地,外缘裂隙发育,具塌陷漏斗,地表丘状起伏	破坏严重,房屋、路面开裂、偏斜。农田常年积水,农业绝产,村镇搬迁、弃农改行
II	四	悬垂岩、土层崩塌区及崩塌危及区	多突发性、规模大	几十米至数百米	外缘出现开裂,裂口逐渐增大,有掉块现象	破坏严重,常成灾害
	五	露采边坡崩塌区及崩塌危及区	突发性、间歇性均有	十几米至几十米	边坡开裂、少量沉陷、掉块,溜土	对采坑、台阶、工作面影响严重
	六	矸石区、废石碓崩塌区及崩塌危及区	多突发性、规模小	几米至十几米	多为暴雨触发,形成类似泥石流崩塌	一般影响小,范围也小,很少形成灾害

5.1.3　地面塌陷、地裂缝地质灾害特征

据调查和分析,采煤沉陷区空间分布范围及展布方向与煤矿开采状况密切相关,主要受采空区范围、采煤巷道方位及上覆岩(土)体的工程特性所控制。地面塌陷及地裂缝的规模大小与煤炭的开采规模有关。规模较大地面塌陷及地裂缝主要发育于大型煤矿采空区上部及其外围地带。中、小型煤矿开采不规则,特别是个体煤矿开采无一定的规律性,因此在地表往往形成不规则的、较密集的规模较小的地面塌陷及地裂缝。不同规模的地面塌陷及地裂缝既可以是由于开采沉陷裂隙的地表延伸而形成的地裂缝,即在地下采空区上覆岩体中形成裂隙带,裂隙向上延伸发展,在地表岩(土)体中形成地面塌陷及地裂缝;也可以是由于地表岩(土)体的不均匀沉降诱发而形成的地裂缝,即受采空影响,形成上覆砂页岩等岩体的不均匀沉降,从而使地表岩(土)体发生破坏变形,形成地面塌陷及地裂缝。

地面塌陷及地裂缝作为煤矿采空区失稳变形的演化产物,其形成表现出滞后于煤矿开

采时间的特点。其时间发育特征主要表现在两个方面。

① 地面塌陷及地裂缝形成时间相对于煤矿开采时间的滞后性。煤层开采之后,采空区上覆岩(土)体的变形破坏需要一定时间,因此地面塌陷及地裂缝的形成滞后于煤矿采空的形成。同时由于采空区上覆岩(土)体的岩性组合关系、厚度及其力学性质不同,使得不同区域形成地面塌陷及地裂缝的滞后时间长短不等。

② 地裂缝形成之后,受降雨影响,进一步产生冲刷、淋滤等次生作用,使其在原有规模的基础上有所扩大。这种现象往往发生在雨季,地裂缝形成后,当地群众将其填埋,来年雨季再次发生裂缝、规模扩大,形成次生塌陷。

5.2　采空区调查与勘查技术

5.2.1　资料的收集

(1)收集区域地质、水文地质勘察报告及相关的平面图、剖面图和柱状图。

(2)收集矿区地质报告,了解所采煤层的种类、分布、厚度、储量、深度和埋藏特征。

(3)收集采掘工程平面图、井上井下对照图、采区平面布置图、煤炭开采规划图以及相关的文字资料。

(4)收集采空区的沉降、变形观测资料。

5.2.2　采空区调查与测绘

5.2.2.1　区域工程地质调绘

(1)调绘区内的地形地貌、地质构造、地层的时代、成因、岩性、产状及厚度。

(2)调绘区内地下水的埋深及动态变化,采取地表水及地下水水样,进行水质分析,判定水的化学类型、腐蚀性等指标。

(3)调绘区内不良地质的类型、分布范围、基本特征以及其与采空区的相互关系。

5.2.2.2　采空区专项调查

(1)调查煤矿的性质、开采煤层、规模、采位、方式、回采率(%)、顶板管理方式及开采的起始、终止时间。

(2)调查采空区的埋深、采厚、长度、宽度、空间形态、顶板支护情况、顶板垮落情况(规模、范围、垮落物充填情况)。

(3)调查采空区地下水赋存情况、地下水资源的破坏情况,如含水层破坏、地下水资源枯竭、水质恶化等。

(4)调查由采空区引起的地表变形情况、分布规律和地表移动盆地特征。

(5)调查采空区地表建(构)筑物的类型、基础形式、变形破坏情况及其与地基不均匀下沉的关系。

5.2.2.3　采空区测绘

(1)地表测绘,主要用于对已沉陷采空区地表变形情况的勘测。通过现场测绘、描述记录的方法和手段,对煤矿井口、巷道及采空区地表的裂缝的形状、走向、宽度、深度等地表变形情况进行测绘和编录,以确定采空区的沉陷变形范围。

（2）井下测绘，在有条件的矿区，应深入井下，对井口、巷道、采空区内部进行测绘，同时对巷道的断面及其支护衬砌情况进行描述记录。

5.2.3 工程物探

在资料收集、采空区专项调查、区域工程地质调绘的基础上，针对资料缺少的小型矿区、老矿区，尤其是小窑开采矿区，应根据采空区的地形、地貌、地层、岩性及埋深情况，选择适宜的物探方法，对初步认定的采空区进行物探验证，对疑似采空区路段应进行物探工作。在重要工程部位勘察时，如果地形复杂难以实施钻探，且单项物探解译困难时，应使用多种物探方法进行组合物探。

在矿区常用的工程物探方法主要有电法、电磁法、地震法、测井法、重力法等。根据地形和采空区埋深情况，一般选择两种物探方法进行组合。表 5-2 所示为可按顺序优选组合选择的物探方法。

表 5-2 物探方法组合

地形情况	地形平坦、较平坦					地形起伏较大
采空区埋深	≤ 10 m	10～30 m	30～100 m	≥100 m	≤30 m	> 30 m
第一种方法	地质雷达	SASW（瞬变面波）	地震折射	瞬变电磁	SASW（瞬态面波）	地震折射
第二种方法	高密度电法	地震折射	瞬变电磁	地震折射	地质雷达	瞬变电磁
第三种方法	微重力勘探	高密度电法				
第四种方法	综合测井（含孔内电视观测、声波探测、常规测井）					

5.2.4 工程钻探

5.2.4.1 钻探目的与任务

（1）对矿区调查、测绘及工程物探的成果进行验证。

（2）查明采空区覆岩的岩性、结构特征以及采空区的分布范围、空间形态、顶底板标高。

（3）查明采空区引起的垮落带（冒落带）、断裂带（裂隙带）、弯曲带（弯沉带）的埋深和发育状况。

（4）采取岩、土样品，进行岩土物理力学性质测试，特别是采空区顶板及上覆岩层的岩性及其物理力学性质，进行采空区变形发展演化分析。

（5）查明采空区的水文地质条件，包括地下水位、地下水化学类型及其对混凝土的侵蚀性等。

（6）利用钻孔进行综合探测。

5.2.4.2 钻孔布置原则

（1）根据调查与测绘资料确定。

（2）根据工程物探异常确定。

（3）根据地表变形观测资料确定。

5.2.4.3 钻探技术要求

钻探位置确定后，钻探施工及地质描述至关重要。地质描述除满足一般工程地质地层描述的要求外，还应重点注意采空区及其"三带"的描述。其钻探施工技术要点与技术要求和"三带"判定依据见表 5-3 和表 5-4。

表 5-3　　　　　　　　　　　　钻探施工技术要点与技术要求

技术要点	技术要求
钻机	① 如果采空区（空洞）埋深小于 50 m，可选用工程地质钻机，必要时可下地锚加固钻架的稳定性； ② 如果采空区（空洞）埋深大于 50 m，可选用水文钻机，必要时做适当改装以适应工程地质测试的要求
钻具	① 在松软、无夹矸煤层中采用单动双层岩心管钻进； ② 在稍硬、有夹矸煤层中采用双动双层岩心管钻进； ③ 在坚硬、破碎石岩层中可采用单管清水钻进
冲洗液	① 致密稳定地层中采用清水钻进； ② 为了统计地层耗水量、冲洗液消耗量，一般采用清水钻进，为治理时的注浆量确定提供直接参考依据； ③ 为保证取土质量，黄土地层可采用无冲洗液的空气钻进
现场技术要求	① 地下水位，标志地层界面及采空区深度测量误差在 ±0.05 m 以内； ② 取芯钻进回次进尺限制在 2.0 m 以内； ③ 除原位测试及有特殊要求的钻孔外，一般钻孔均应全控取芯，并系统统计岩芯采取率和岩石裂隙率，一般岩石的取芯率不低于 75%，软质岩石的取芯率不低于 65%； ④ 注意观测地下水位并进行简易水文地质观测； ⑤ 钻孔孔斜小于 2°
钻孔编录	① 现场记录及时、准确、按回次进行，不得事后追记； ② 绘制钻孔柱状图； ③ 描述内容要规范、完整、清晰； ④ 重要钻孔描述要认真填写和保存，填报应及时准确，并由记录员及机长签字盖章

表 5-4　　　　　　　　　采空区钻探现场描述要点与"三带"判定依据

分带	描述依据
冒落带	① 突然掉钻； ② 埋钻、卡钻； ③ 孔口水位突然消失； ④ 孔口吸风； ⑤ 进尺特别快； ⑥ 岩芯破碎混杂，有岩粉、淤泥、坑木等； ⑦ 打钻时有响声； ⑧ 有害气体上涌，如瓦斯气上涌
裂隙带	① 突然严重漏水或漏水量显著增加； ② 钻孔水位明显下降； ③ 岩芯有纵向裂纹或陡坡倾角裂缝； ④ 钻孔有轻微吸风现象； ⑤ 有害气体上涌，如瓦斯气上涌； ⑥ 岩芯采取率小于 75%
弯曲带	① 全孔返水； ② 无耗水量或耗水量小； ③ 取芯率大于 75%； ④ 进尺平稳； ⑤ 开采矿层岩芯完整，无漏水现象

5.2.5　地表变形观测

对于地表移动、变形尚未发生或正在发生、发展过程中的采空区,当资料缺乏时,采用勘探方法很难查明采空区的基本特征,必要时可在勘察、设计阶段布设定位观测网,以便跟踪和预测采空区的地表变形特征、变化规律和发展趋势,为采空区的稳定性评价提供依据。

采空区地表变形观测的基本要求如下:

(1)观测线宜平行和垂直路线布设,其长度应超过地表移动盆地范围或采空区的范围。

(2)观测点应等间距布置,其间距按表5-5确定。

表5-5　　　　　　　　　　　　　　　观测点布置间距参考值

开采深度 H/m	<50	$50 \sim 100$	$100 \sim 200$	$200 \sim 300$	$300 \sim 400$	>400
观测点间距 L/m	$10 \sim 15$	$20 \sim 150$	$30 \sim 200$	$40 \sim 300$	$50 \sim 400$	>50

(3)观测周期可根据开采深度按表5-6确定。

表5-6　　　　　　　　　　　　　　　观测周期取值

开采深度/m	<50	$50 \sim 100$	$100 \sim 200$	$200 \sim 300$	$300 \sim 400$	>400
观测周期/d	$10 \sim 15$	$20 \sim 100$	$30 \sim 200$	$60 \sim 300$	$90 \sim 600$	>90

(4)观测控制点应设在移动区域以外。观测设备埋设要牢固。在冻土地区,控制点底面应在冻土线0.5 m以下。

(5)观测精度参照现行《工程测量规范》(GB 50026—2016)中变形测量部分的相关要求执行。

5.3　开采沉陷预计

5.3.1　地面变形预计

5.3.1.1　地表移动变形主要参量及其计算方法

(1)下沉(W):地表移动的铅直分量,其单位为mm。

某次观测时n号点的下沉为:

$$W_n = H_m - H_0 \tag{5-1}$$

式中,H_m、H_0分别为n号点在第m次观测时和首次观测时的高程。

(2)水平位移(U):地表移动的水平分量,其单位为mm。

某次观测时n号点的水平移动为:

$$U_n = L_m - L_0 \tag{5-2}$$

式中,L_m、L_0分别为第m次观测时和首次观测时n号点至观测线控制点间的水平距离,用点间距累加求得。

(3)倾斜(i):地表单位长度内下沉的变化量;在移动盆地内有任意两点的下沉值之差

被两点的水平距离除,称为倾斜,其单位为 mm/m。

相邻两点的倾斜为:

$$i_{n,n+1} = \frac{W_{n+1} - W_n}{l_{n,n+1}} \tag{5-3}$$

式中,$l_{n,n+1}$ 为 n 号点至 $n+1$ 号点的水平距离;W_{n+1}、W_n 分别为 $n+1$ 号点和 n 号点的下沉量。

(4) 水平变形(ε):地表单位长度内水平移动的变化量;在移动盆地内有任意两点的水平移动之差被两点的水平距离除,称为水平变形,其单位为 mm/m。

n 号点至 $n+1$ 号点的水平变形为:

$$\varepsilon_{n,n+1} = \frac{l_{(n,n+1)m} - l_{(n,n+1)0}}{l_{(n,n+1)0}} \tag{5-4}$$

式中,$l_{(n,n+1)m}$、$l_{(n,n+1)0}$ 分别为 n 号点至 $n+1$ 号点在第 m 次观测时和首次观测时的水平距离。

(5) 曲率(K):地表单位长度内倾斜值变化量,其单位为 $10^{-3}/\text{m}$。

$n+1$ 号点附近的曲率,即 n 号点至 $n+2$ 号点之间的平均曲率为:

$$K_{n+1} = \frac{i_{n+1,n+2} - i_{n,n+1}}{\dfrac{l_{n,n+1} + l_{n+1,n+2}}{2}} \tag{5-5}$$

式中,$i_{n,n+1}$、$i_{n+1,n+2}$ 分别为线段 $l_{n,n+1}$、$l_{n+1,n+2}$ 之倾斜。

5.3.1.2　地面变形预计

地面变形预计采用概率积分法进行求解。此种预计方法由 Litwiniszyn 提出。概率积分法是以正态分布函数为影响函数用积分式表示地表下沉盆地的方法,适用于平地水平的缓倾斜和倾斜煤层开采的地表移动和变形预计。

5.3.1.3　地面最大变形预计

按照《建筑物、水体、铁路及主要井巷煤柱留设与压煤开采规范》的规定,近水平煤层充分采动后地表最大移动、变形和倾斜值的预测公式如下所述。

(1) 最大下沉值计算公式为:

$$W_{\max} = qM\cos\alpha \tag{5-6}$$

(2) 最大曲率值计算公式为:

$$K_{\max} = \pm 1.2\frac{W_{\max}}{r^2} \tag{5-7}$$

(3) 最大倾斜值计算公式为:

$$I_{\max} = \frac{W_{\max}}{r} \tag{5-8}$$

(4) 最大水平移动值计算公式为:

$$U_{\max} = bW_{\max} \tag{5-9}$$

(5) 最大水平变形值计算公式为:

$$\varepsilon_{\max} = \pm 1.52b\frac{W_{\max}}{r} \tag{5-10}$$

式中,q 为下沉系数;M 为煤层采空区厚度,单位 m;r 为主要影响半径,其值为采深与影响

角正切值 $\tan \beta$ 之比;α 为煤层倾角,取 $5°$;b 为水平移动系数。

5.3.2 地表移动盆地范围预计

5.3.2.1 地表移动盆地

当地下开采工作面到一定距离(为采深的 $1/4 \sim 1/3$)后,地下开采便波及地表,使受采动影响的地表从原有标高向下沉降,从而在采空区上方形成一个比采空区大得多的沉陷区域,这种地表沉陷区域称为地表移动盆地,或称为下沉盆地。地表移动盆地的形成,逐渐改变了地表的原有形态,引起地表标高、水平位置发生变化,从而导致位于影响范围内的建(构)筑物、铁路、公路等的损坏。

5.3.2.2 地表移动盆地的主断面

采空区地表移动盆地内各点的移动和变形不完全相同。在正常情况下,各点的移动和变形分布具有以下规律。

(1) 下沉等值线以采空区中心为原点呈椭圆形分布,椭圆的长轴位于工作面开采尺寸较大的方向。

(2) 盆地下沉值中心最大,向四周逐渐减小。

(3) 水平移动指向采空区中心。采空区中心上方地表几乎不产生水平移动。地表水平移动值在开采边界上方最大,向外逐渐减小为零。水平移动等值线是一组平行于开采边界的线簇。

由于下沉等值线和水平移动等值线均平行于开采边界,移动盆地内下沉值最大的点和水平移动值为零的点都在采空区中心,因此通过采空区中心与煤层走向平行或垂直的断面上的地表移动值最大。主断面上地表点几乎不产生垂直于该断面的水平移动。通常就将地表移动盆地内通过地表最大下沉点所做的沿煤层走向和倾向的垂直断面称为地表移动盆地主断面。沿走向的主断面称为走向主断面,沿倾向的主断面称为倾向主断面。

当地表非充分采动和刚达到充分采动时,沿走向和倾向分别只有一个主断面。而当地表超充分采动时,地表则有若干个最大下沉值;通过任意一个最大下沉值沿煤层走向或倾向的垂直断面都可成为主断面,此时主断面有无数个。当走向达到充分采动、倾向未达到充分采动时,可做无数个倾向主断面但只有一个走向主断面。

从主断面的定义可知,水平和缓倾斜煤层开采时,地表移动盆地主断面特征有:① 在主断面上地表移动盆地的范围最大;② 在主断面上地表移动量最大;③ 在主断面上不存在垂直于主断面方向的水平移动。

5.3.2.3 地表移动盆地边界

按照地表移动变形值的大小及其对建(构)筑物及地表的影响程度,可将地表移动盆地划分出 3 个边界:最外边界、危险边界和裂缝边界。

(1) 移动盆地的最外边界。移动盆地的最外边界,是指以地表移动变形为零的盆地边界点所圈定的边界。在现场实测中,考虑到观测的误差,一般取下沉 10 mm 的点为边界点,最外边界实际上是下沉 10 mm 的点圈定的边界。

(2) 移动盆地的危险移动边界。移动盆地的危险移动边界,是指以临界变形值确定的边界,表示处于该边界范围内的建(构)筑物将会产生损害,而位于该边界外的建(构)筑物则不会产生明显的损害。

（3）移动盆地的裂缝边界。移动盆地的裂缝边界，是根据移动盆地的最外侧的裂缝圈定的边界。

5.3.2.4　地表移动盆地范围的预测

按地表移动角量参数法预测采煤沉陷区地表移动盆地范围。

（1）确定角量参数值

一般平地应按移动角（δ、β、γ）圈定地表塌陷范围，山区则应按裂缝角（δ'、β'、γ'）圈定地表塌陷范围。移动角及裂缝角的几何意义如图 5-1 所示。

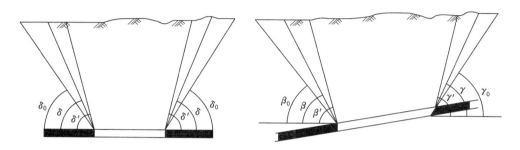

图 5-1　移动角及裂缝角示意图

移动边界角是在主断面上按地表移动边界下沉为 10 mm 的点至开采边界连线在煤柱一侧与水平线所夹角度。煤层走向以 δ_0 表示，下山和上山分别以 β_0 和 γ_0 表示。地表综合移动角（不分基岩和表土层）是在主断面上按临界变形值 $i_0 = 3$ mm/m、$K_0 = 0.2 \times 10^{-3}$ m^{-1}、$\varepsilon_0 = 2$ mm/m 确定的点至开采边界的连线在煤柱一侧与水平线所夹角度，走向为 δ，下山和上山分别为 β 和 γ。地表裂缝角是在主断面上地表塌陷最外边缘的地表裂缝位置与开采边界连线在煤柱一侧与水平线所夹角度，走向为 δ'，下山和上山分别为 β' 和 γ'。

煤矿地表移动角和裂缝角概值见表 5-7。

表 5-7　　　　　　　　　　　煤矿地表移动角和裂缝角概值

开采深厚比	中硬覆岩		坚硬覆岩	
	移动角 $\delta/(°)$	裂缝角 $\delta/(°)$	移动角 $\delta/(°)$	裂缝角 $\delta/(°)$
<50	65~70	70~75	70~75	75~80
50~100	70~75	75~80	75~80	80~85
>100	75~80	80~85	80~85	85~90

注：① 当煤层倾角 $\alpha \leqslant 5°$ 时，$\beta = \gamma = \delta$。

② 当煤层倾角 $\alpha > 5°$ 时，$\beta = \delta - 0.6\alpha$，$\gamma = \delta$。

国内划定地表塌陷范围有的按边界角，有的按移动角。对于低潜水位地区以移动角或裂缝角划定地表塌陷范围较为合适。因为这些矿区已利用土地的表层大多被黄土所覆盖。已有现场观测表明，黄土在水平拉伸变形达到 2 mm/m 左右即可出现微小的裂缝，故一般黄土覆盖的平坦地区应按移动角划定地表塌陷范围。对于山区和丘陵地区，一般可按裂缝角划定地表塌陷范围。

（2）按角量参数确定塌陷范围

在矿区采煤工程规划和地形井上下对照图上,以采区或工作面边界为依据,分别按走向、上山和下山方向移动角或裂缝角圈定地表塌陷范围(见图5-2)。

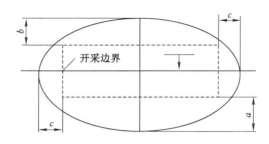

图5-2　按采区边界圈定塌陷边界

图5-2中开采边界至塌陷边界的最大距离计算式如下:

① 对于平地,

下山:$\alpha = H\cot\beta$。

上山:$b = H\cot\gamma$。

走向:$c = H\cot\delta$。

② 对于山区,

下山:$\alpha = H\cot\beta'$。

上山:$b = H\cot\gamma'$。

走向:$c = H\cot\delta'$。

其中,H 为计算点的开采深度。

5.4　地面塌陷、地裂缝地质灾害综合防治技术

5.4.1　地面减沉技术

5.4.1.1　井下减沉技术

(1) 充填开采技术

因为地面的移动变形值与其最大下沉值成正比,所以减小煤层的开采厚度就可以有效降低地下开采对地面的变形程度。充填开采技术就是利用充填材料对开采产生的空间进行充填,也就相当于减小了煤层的开采厚度。充填开采技术是在煤炭采出后顶板尚未冒落之前,用固体材料对采空区进行密实充填,使顶板岩层仅产生少量下沉,以减少地面的下沉和变形,达到保护地面建(构)筑物或农田的目的,是减小地面沉陷的有效措施之一。

① 水沙充填法。采用该方法时,需要将大量的充填材料利用水力运入采空区,以达到减沉目的。因此必须建立为输沙、排泥、排水所需的工程和设施,以及由它们所组成的水沙充填生产系统。该系统由填料开采系统、加工系统、选运系统,贮沙及水沙混合系统,输沙管路系统,以及供水及废水处理系统组成。采用水沙充填时,地面下沉系数在0.06~0.20之间,其与充填材料的性质和水沙充填的填满程度有关。

② 风力充填法。把充填材料通过垂直管道溜入井下贮料仓,然后由输送机输送到风力充填机。风力充填机利用风压,通过充填管道把充填材料送入采空区,支撑顶板,达到减沉效果。这种充填方法对充填设备的要求较低。

③ 矸石自溜充填法。当煤层的倾角较大时,矸石在其自重的作用下,沿煤层底板自溜充填采空区。该方法就地取材,充填设备简单,但其减沉效果不十分明显。

④ 带状充填法。带状充填法是沿工作面的开切眼或推进方向,每隔一定距离垒砌一个矸石带来支撑顶板,以达到减小地面下沉的目的。该方法的效果取决于垒砌的矸石带能否承受住上覆岩体的压力。

⑤ 边界充填法。由于开采边界上方地面的变形值最大,故将开采边界附近的采空区进行充填,就可在充填面积较小的情况下有效地减小地面的移动变形值,达到减沉目的。

（2）局部开采技术

① 条带开采法。条带开采法是根据煤层和上覆岩层组合条件,采取留煤柱带的方法,即在被开采的煤层中采出一条,保留一条。条带开采是部分地采出地下煤炭资源,保留了一部分煤炭,即以煤柱支撑上覆岩层,进而减少覆岩移动,控制地面的移动和变形,实现对地面建(构)筑物的保护。但条带开采法回采率低,巷道掘进量大。

② 房柱开采法。从矿房或巷道中开挖矿石,而在各矿房或巷道之间保留部分残留矿体作为矿柱,以控制直接顶板岩石的局部工作性能和围岩的整体反应。直接顶板可能不支护,或者进行人工加固或支护。该方法不仅具有矿井开拓准备工程量小、出煤快、设备投资少、工作面搬迁灵活等优点,而且巷道压力小、上覆岩体破坏程度低,地面沉陷量小。

③ 留设保安煤柱法。保安煤柱是为了保护地表地貌、地面建筑物、构筑物和主要井巷等,分隔矿田、井田、含水层、火区及破碎带等而留下不采或暂时不采的部分矿体。新建矿山的各类建筑物和构筑物应布置在矿体开采后的最终移动边界之外,其边缘与地表移动边界线之间应留一条保护带。保护带的宽度应根据地表保护物的保护等级而定。为使受地下开采影响的地面建筑物、构筑物不遭损害,煤矿留保安煤柱就是一种比较可靠的方法,但要丢失一部分煤炭资源。因此留保安煤柱一般只用于小范围内的重要建筑物或构筑物的保护,以及开采贫矿、薄矿体或浅部矿体时的地表保护。

5.4.1.2　地面减沉技术

在地面实施的减沉技术主要为覆岩离层带注浆充填技术。根据采空区上方覆岩移动形成"三带"的岩移特性,在煤炭采出后一定时间间隔内,用钻孔往离层带空间高压注浆、充填、加固离层带空间,将采动的砌体梁结构加固为稳定性较好的连续梁结构,使离层带的下沉空间不再向地表传递,以减少或减缓地表下沉,起到保护地面建筑物、构筑物或农田的目的。

离层注浆充填浆液的相对密度以 1.1～1.2 为宜。若相对密度大于 1.2,则容易堵塞管路;若相对密度小于 1.1,则减沉控制效果较差。离层注浆系统与矿井生产系统之间互不干扰,不影响高产高效矿井的生产秩序。整个充填系统简单且充填材料为粉煤灰,充填成本低。

5.4.2　地面沉陷区治理技术

地面沉陷区的治理主要针对因采煤而出现的地面塌陷、地裂缝地质灾害进行治理,从而使煤矿矿区开采破坏的土地、生物种群恢复到原有的状态或达到可利用的地步,甚至恢复到更高的生态水平。地面沉陷区治理是一项极其复杂的系统工程。对沉陷区进行治理不仅能够整治采煤废弃的土地,恢复、改善生态环境,而且有利于提高农业生产的综合效益、促进农业长期稳定发展。地面沉陷区治理不仅可以迅速、明显地恢复和提高土地生产力、劳动生产率与土地利用率,进而提高经济效益,而且能够充分合理地利用、保护和增值自然资源;加速物质和能量转化,有着显著的生态效益。

地面沉陷区治理技术多种多样。根据各地沉陷区地面塌陷、地裂缝的实际情况,所采用的治理技术主要是工程治理,以减少地面塌陷、地裂缝地质灾害对矿区人民群众生产生活的影响。

5.4.2.1 充填技术

充填技术主要用于地面沉陷后积水不大的区域。

(1)煤矸石充填技术

在地面沉陷区利用煤矸石充填,既能使受到破坏的土地等经过治理作为合格的自然资源再次具有生态经济价值,又能使煤矿开采活动所产生的废弃煤矸石重新得到利用,消除了矸石山压占土地和对生态环境的污染。用煤矸石充填复垦是结合煤矿排放废弃煤矸石进行的。根据许多煤矿区的实际情况,消灭矸石山的主要途径就是用矸石充填地面塌陷区。从应用成功的地面沉陷区排矸系统来看,矸石已有多种运输形式,不存在技术问题。矸石充填治理后的土地主要用作建筑用地,也可以在矸石充填沉陷区后进行覆土,作为农林种植用地。利用煤矸石充填治理采空沉陷区,可起到很好的效果。

煤矸石充填适用于地面沉陷深度大、面积较小的废弃地,并且该区域水源条件较差,附近有矸石山或者交通便利有丰富的矸石来源的矿区沉陷地。在复垦之前,要对预选用的煤矸石进行化学成分分析,确保所用充填材料有毒元素含量不超标。若煤矸石中汞、锡、铅、砷等有毒元素含量超标,则经过风化作用及大气降水的长期淋溶作用,各种有毒元素会逐渐离析出而渗入地下,导致土壤、地表水体及浅层地下水污染。

① 煤矸石充填建设用地

主要是利用煤矿区现有的矸石山充填地面沉陷区,压实后的地面沉陷区用于迁村建房。煤矸石充填建设用地时,采用分层充填、分层压实逐步将地面沉陷区回填至设计标高,以满足充填治理后的土地用作建筑用地的要求。

采用分层法将煤矸石充填到塌陷地,即每次充填一定厚度的矸石。煤矸石分层厚度与矸石的颗粒级配、矸石含水量、施工机械、压实趟次等要素有关。应视具体情况具体分析,选择合理的煤矸石分层厚度。一般选用振动式压路机逐层充分压实煤矸石,充分压实煤矸石后再在该煤矸石层上面充填第2层煤矸石,第2层煤矸石充分压实后再在上面充填第3层煤矸石,如此逐层用煤矸石充填压实至设计标高。压实后要进行现场测试,如果复垦后的土地符合建筑用地的要求,就采用抗变形保护设计。建设平房或低层建筑,解决矿区居民和当地农民的住房需求。为了使煤矸石充填治理的土地具有足够的地基承载力和建筑物具有抵抗地基不均匀沉降的能力,必须形成矸石合理充填工艺、地基加固处理技术和抗变形建筑结构设计的综合体系。

② 煤矸石充填农业用地

主要是用已有或新排的煤矸石充填沉陷区,将沉陷区的表土取出,堆积于一边,用煤矸石回填到一定高度,压实后,覆盖一层表土,以达到农业用地的要求。

采空沉陷区充填时,要根据沉陷深度合理安排回填物的结构。首先把对植物生长不利的回填物置于下面;然后回填煤矸石,要把体积较大、不易风化的煤矸石填在下面,把石块较小且容易风化降解的煤矸石充填在离地面较近的空间,回填区的边缘不得有煤矸石外露;随后用推土机推平、压路机压实,提高矸石层的密封性能,以免透气造成煤矸石自燃和覆土后由于降水下渗而形成漏斗或表土流失。接着在煤矸石上填土。覆土层要比正常土层区域厚,一般要达到 1.5 m。最后将贮存的表土覆盖于最上部,表土层厚度 30～50 cm。严禁将有毒、有害的废物混入煤矸石充填场地,防止对地下水和土壤造成污染。

（2）粉煤灰充填技术

粉煤灰充填技术是将火电厂粉煤灰通过管路直接送往采空沉陷区充填,实现对地面塌陷、地裂缝的治理。利用粉煤灰充填沉陷区既可解决贮灰场大量占地和粉煤灰扬尘所带来的危害,又为沉陷区治理提供充足的充填材料,可形成采煤-发电-充填治理沉陷地的良性循环系统。

利用燃煤电厂粉煤灰作为充填材料对沉陷区进行治理,主要适用于电厂周边及距离电厂 10 km 左右的沉陷区。粉煤灰是燃煤电厂生产的固体废料。电厂每 1 万 kW 装机容量,每年排灰约 1 万 m³。由于粉煤灰产量大,需大量地征用耕地建设灰场存放且严重污染环境。许多电厂结合地方经济发展需求,将粉煤灰作为采空沉陷区充填治理材料,从而变废为宝,一举多得。

粉煤灰是在燃煤发电厂生产过程中粉煤经锅炉 1 300～1 500 ℃ 高温燃烧后剩余的残渣。粉煤灰由多种形状不规则、大小不等的颗粒机械混合组成,其颗粒组成类似轻壤土的。粉煤灰比重为 2.0 g/cm³ 左右,容重为 0.5～10 g/cm³。由于粉煤灰含碳量不同,所以其颜色从乳白色到灰黑色变化。粉煤灰属于 $CaO-Al_2O_3-SiO_2$ 系统,具有较好的透气性和透水性。选用粉煤灰作为采空沉陷区充填复垦材料在技术上是可行的。

利用粉煤灰对采空沉陷区充填治理时,应该将电厂周围的沉陷区或者即将沉陷区域的表土剥离,沿着沉陷区边界修筑土围堤。围堤的修建以不泄漏和出现灰水四溢为原则。在离输灰管排放口一定距离处修建溢水口。通过排灰管道水力输灰,将粉煤灰以混合液的形式直接排入沉陷区内。排灰管道的布设尽量不影响交通运输和生产建设。当灰场排灰至设计标高时即停止输灰。灰水不断从溢水口流经排水沟,流入外围河道或用以农田灌溉。粉煤灰在灰场中逐渐沉淀,继而进行覆土造田。覆土厚度根据取土情况和运输情况,灵活掌握。覆土厚度应该在 30～60 cm 之间。经研究表明,粉煤灰充填覆土 30 cm 即可收到理想的效果。覆土 30 cm 后通过耕作、充灌,底层的粉煤灰性状逐渐适应作物种植需求,同时粉煤灰较好的理化性状对覆土层土壤具有一定的改良作用,还能增加作物生长所必需的钾、磷等重要营养元素。

沉陷区的田块规划应与水利、道路、林网等设施建设结合起来。田、水、林、路、沟渠等统一布局、配套建设,保证必要的农业生产条件。由于覆土层土壤熟化程度较差、有机质含量较低,所以可以通过施肥和种植绿肥提高土壤肥力,争取在短期内加快作物单位面积增产量,增加农民收入。

粉煤灰充填治理法工艺流程简单,便于推广,而且充填材料来源广泛,成本低,不会二次破坏土地,对采空沉陷区的治理及稳定农业生产,促进经济发展和生态环境保护工作具有长远意义。

5.4.2.2 平整土地和修建梯田技术

平整土地和修建梯田技术主要用于不积水采空沉陷区、积水沉陷区的边坡地带。煤炭开采形成的沉陷区附加坡度一般较小。沉陷后地表坡度在 2° 以内时，可进行土地平整满足耕作需求。沉陷后地表坡度在 2°～6° 之间时，可沿地表等高线修整成梯田。土地利用可农林（果）相间。耕作时采用等高耕作，以利于水土保持。

5.4.2.3 疏排法技术

在地下潜水位较高的沉陷区，常常积水或水不能自流排出。地表积水可分为两种情况。① 外河洪水位标高高于沉陷区地表标高，沉陷区水无法自流排出。此时，必须采取充填法或强排法排出沉陷区的积水，方能进行耕种。② 外河洪水位标高低于沉陷区地表标高，沉陷区水可以自流排出。此时，可建立适当的疏排系统，通过自排方式排出沉陷区积水。

疏排法治理的关键是排水系统的设计。由于水体是一个整体，在进行排水系统设计时，应综合考虑全矿井，甚至全矿区的情况，形成综合的排水系统。排水系统一般由排水沟、蓄水设施、排水区外的承泄区和排水枢纽等部分组成。排水沟按排水范围和作用分为干、支、斗、农 4 级固定沟道。蓄水设施可以是坑塘、水库等。排水沟也可兼作蓄水用。承泄区即通常所说的外河，排水枢纽指的是排水闸、强排水电站等。

5.4.2.4 挖深垫浅技术

挖深垫浅治理是利用人工或机械方法，将局部积水或季节性积水采空沉陷区下沉较大的区域进行挖深，以适合养鱼、蓄水灌溉等，并用挖出的泥土充填开采沉陷较小的地区，使其成为可种植的耕地。这种方法既治理了采空沉陷区土地，又改变了农业结构，变单纯种植农业为种植、养殖相结合的农业。这种治理方法成本低、效率高、操作简单、投资少。

5.4.2.5 沉陷积水区综合利用技术

有的采空沉陷区常年被水淹没，常年深积水，已不适宜发展农林业，但适宜于发展水产养殖或进行旅游、自来水生产等综合开发。深积水沉陷地基本上均具有水源充足、水温适中、水质良好和饲草、肥料丰富等优点，而且沉陷地水面大都是没有自然进出口的封闭水体，利于鱼类产卵、生长和越冬，不需要建造拦鱼设施，便于捕捞和管理，发展渔业生产相对投入少，见效快。

除发展渔业外，大面积深水沉陷地还可用于建立水上公园、水上娱乐城、自来水净化厂和污水处理厂、拦蓄水库、水族馆等，以解决矿区离市区较远、职工无休息娱乐场所等问题。

5.5 InSAR 技术在矿山地表沉降监测中应用研究

在矿体开采过程及矿体被采出后，采空区顶底板和两帮形成自由空间，围岩中应力重新分布，可能引发地表沉陷的发生，进而给地表建筑及周边村庄和环境带来不同程度的危害。这种过程极其复杂，受众多条件影响，因此具有很强的特殊性和随机性。以莱新铁矿为例，利用 InSAR 技术对地表沉降进行监测，通过分析表明利用该方法进行大面积地表沉陷监测具有明显优势，从而为矿山企业全面监测地表沉陷和及时处理安全隐患提供有效的手段。下面以莱新铁矿为例介绍 InSAR 技术在矿山地表沉降监测中的应用。

5.5.1 工程背景

莱新铁矿位于莱芜市西南方向的牛泉镇西尚庄矿区。西部矿体，对厚大矿体（大于

20 m)选用分段空场法;对中厚(8～15 m)缓倾斜矿体选用中深孔房柱法;对薄矿体(小于6 m,占比例较少)选用浅孔房柱法。中部及东部矿体,采用分段空场法和上向进路充填法,优先回采中部矿体;东部治水问题解决后,再回采东部矿体。采用充填法采矿时一期进路采用胶结充填,二期进路采用非胶结充填,各分层上部采用胶结充填。

在有用矿物采出后,采空区周围岩体失去原来的平衡状态而发生移动。采空区顶底板和两帮形成自由空间,围岩中应力应变重新分布,由于具体的地质条件及采矿方法的不同所表现出的地表移动不同,容易出现塌陷、破裂、连续变形等问题,可能引发矿房顶板灰岩含水层因空区塌落而沟通下漏发生水患,地面因开采引起的塌陷还会影响环境和地面村庄的安全。

5.5.2　InSAR 采空区地表沉降监测方法

InSAR 合成孔径雷达是一种高分辨率的二维成像雷达。它作为一种全新的对地观测技术,近 20 年来获得了巨大的发展,现已逐渐成为一种不可缺少的遥感手段。与传统的可见光、红外遥感技术相比,InSAR 技术具有许多优越性。它属于微波遥感的范畴,可以穿透云层,甚至在一定程度上穿透雨区,而且具有不依赖于太阳作为照射源的特点,使其具有全天候、全天时的观测能力。这是其他任何遥感手段所不能比拟的。微波遥感还能在一定程度上穿透植被,可以提供可见光、红外遥感所得不到的某些新信息。随着 InSAR 技术的不断发展与完善,它已经被成功应用于地质、水文、海洋、测绘、环境监测、农业、林业、气象、军事等领域。

InSAR 技术在矿山应用具有其自身独有的优势,可以做到大面积区域的监测。这种大面积的监测相比传统方法的监测不仅可以节省人力物力,而且将传统的点监测、线监测拓展成高密度的面监测。InSAR 技术可以对矿区外部进行监测,这种矿区外监测利用传统监测手段要取得相关许可才可以进行实地监测。利用这种大范围监测手段可以覆盖尾矿库的监测,利用 GPS 等进行监测在仪器放置以及人员进入等方面都有很大的不便,而利用 InSAR 技术可以同时兼顾到尾矿库的稳定性监测。InSAR 技术具有近实时监测的优点,对于需要随时关注的如雨季排土场等可以实时监测。

5.5.3　InSAR 监测莱新铁矿实测数据分析

选取莱新铁矿(东经 117°31′46″至 117°33′55″,北纬 36°10′09″至 36°11′46″)2008 年至 2012 年间一定数量的雷达数据,利用合成孔径雷达干涉测量技术(InSAR),对矿区内地表形变进行监测。根据莱芜地区的卫星数据覆盖情况,结合可行性、合理性、经济性最终选定采用 PALSAR 及 RADARSAT-2 两种雷达卫星数据。

(1) ALOS PALSAR 数据

获取 12 景 PALSAR 数据。其中,FBD(精细模式双极化)模式 10 景,FBS(精细模式单极化)模式 2 景。

(2) RADARSAT-2 数据

获取 6 景 RADARSAT-2 Wide(宽)模式数据。采用 Gamma 软件进行干涉处理,同时结合 MATLAB 利用傅里叶变换将轨道残余相位去除,从而得到较为干净的差分相位。

5.5.4 数据处理及结果分析

将 PALSAR 结果与 RADARSAT-2 结果进行综合分析,得到了莱新铁矿 2008 年至 2012 年间总沉降结果。由此可以看出:莱新铁矿没有明显的沉降漏斗。对沉降结果进行统计分析,其结果如图 5-3 所示。

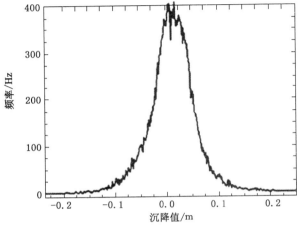

图 5-3　沉降结果

由图 5-3 分析可得:莱新铁矿整体范围基本上没有大的沉降发生,矿区范围内的沉降值基本服从方差很小的标准正态分布,这说明莱新铁矿矿区范围内基本上地表没有大的变形。在频率图中出现部分数量的隆起(正值),是由于地表的点信息的变化。例如,工厂的建立,部分民用建筑及道路的修建,部分小面积的地表整平等造成上述现象。

以地表沉陷问题为出发点,对由于地下开采引起的地表沉陷的基本模式,可能造成的灾害进行研究。对地表沉陷监测方法进行了对比分析,提出了使用 InSAR 技术作为新手段来大面积监测地表沉降趋势及沉降量。使用 InSAR 技术在金属矿山地表沉降监测中能起到有效的作用。

第6章　井下突水地质灾害及其防治

6.1　井下突水及其预兆分析

6.1.1　井下突水一般预兆

（1）矿井采掘工作面煤层变潮湿、松软。

（2）煤帮出现滴水、淋水现象,且淋水由小变大。

（3）有时煤帮出现铁锈色水迹。

（4）矿井采掘工作面气温降低,或出现雾气或硫化氢气味。

（5）矿井采掘工作面有时可听到水的"嘶嘶"声。

（6）矿井采掘工作面矿压增大,发生片帮、冒顶及底鼓。

6.1.2　煤矿工作面底板灰岩含水层突水预兆

（1）矿井采掘工作面压力增大,底板鼓起,底鼓量有时可达 500 mm 以上。

（2）矿井采掘工作面底板产生裂隙,并逐渐增大。

（3）矿井采掘工作面沿裂隙或煤帮向外渗水。随着裂隙的增大,水量增加。当底板渗水量增大到一定程度时,煤帮渗水可能停止,此时水色时清时浊,底板活动时水变浑浊、底板稳定时水变清。

（4）矿井采掘工作面底板破裂,沿裂缝有高压水喷出,并伴有"嘶嘶"声或刺耳水声。

（5）矿井采掘工作面底板发生"底爆",伴有巨响,地下水大量涌出,水色呈乳白或黄色。

6.1.3　松散孔隙含水层突水预兆

（1）矿井采掘工作面突水部位发潮、滴水且滴水现象逐渐增大,仔细观察可以发现水中含有少量砂石。

（2）矿井采掘工作面发生局部冒顶,水量突增并出现砂石,砂石常呈间歇性,水时清时混,总的趋势是水量、砂量增加,直至砂石大量涌出。

（3）顶板发生溃水、溃砂石,这种现象可能影响到地表,致使地表出现塌陷坑。

上面矿井突水现象是矿井发生突水灾害典型的情况。在矿井实际的突水事故过程中,这些预兆不一定全部表现出来,所以煤矿防治水工作应该细心观察,认真分析、判断。

6.1.4　矿井突水易发生的地段

（1）断层交叉或汇合处。

（2）断层尖灭或消失端一带。

（3）褶曲轴部裂隙密集带或小断裂密集带。

（4）背斜倾伏端一带。

（5）两条大断层相互对扭地带（即张扭性破碎带）。

（6）与导水或富水大断裂成人字形连接的小断裂带。

（7）复合部位小断层与次级小褶曲轴在地层倾向急剧转折带上的复合部位，或小褶曲轴与地层倾向转折带的复合部位或平缓小轴曲翼部。

（8）压性断裂下盘、张性断裂上盘。

（9）新构造活动强烈的断裂带。

（10）不同力学性质的断裂组成的断裂带。

6.2　井下充水条件分析

6.2.1　矿井下充水水源分析

6.2.1.1　天然充水水源

天然充水水源主要分为大气降水、地表水和地下水 3 种水源。

（1）大气降水

大气降水是地下水的主要补给来源。所有矿床充水都直接或间接地与大气降水有关。但这里所讲大气降水水源，是指对矿床直接充水的大气降水水源。

① 以大气降水补给为主的矿床特点。矿床的矿层（体）埋藏较浅；矿床主要充水岩层（组）是裸露的或者其覆盖层很薄；矿床处于分水岭或地下水位变幅带内。

② 大气降水充水特点。大气降水是矿井地下水的主要补给来源。所有的矿井充水，都直接或间接受到大气降水的影响。大气降水是露天煤矿的直接充水水源。露天矿涌水量随季节变化很大，有的露天矿雨季平均涌水量可达 10 000 m³/d 以上，其中 90% 以上是由大气降水直接补给的。对于大多数生产矿井来说，大气降水首先渗入地下，补给充水含水层，然后再涌入矿井。

③ 大气降水充水规律。以大气降水为主要充水水源的矿井，其涌水量变化有如下规律。第一，矿井充水程度，与地区降水量大小、降水性质、强度和入渗条件有关。如长时间的降雨对渗入有利，矿井涌水量大；反之，则矿井涌水量小。第二，矿井涌水量变化与当地降水量变化过程相一致，并有明显的季节性和多年周期性变化规律，表明矿井充水水源是大气降水。

（2）地表水充水水源

地表水充水水源主要是指大型地表水体，如海、湖泊、河流、水池、沼泽和水库等。在有大型地表水体分布的矿床地区，查清天然条件下和矿床开采过程中的地表水体对矿床开采的影响，是矿区水文地质勘探和矿井水文地质工作的一个重要任务，是评价矿床安全及开采价值的重要内容。大型地表水体不仅可能造成矿井突然涌水，而且严重情况下会导致水、砂溃入矿井，造成矿井突水灾害。

① 地表水充水特点。

矿区内或矿区附近的地表水体，往往可以成为矿井充水的重要水源。在分析矿区充水条件时,首先应研究矿区所在位置及其地形,看其是位于当地侵蚀基准面以上,还是基准面以下。位于当地侵蚀基准面以上的含煤地层,地下水补给地表水,矿井在当地侵蚀基准面上进行生产时,则不受地表水影响,开采时矿井涌水量不大,平时巷道内干燥无水,在多雨季节井下涌水量可能增加,需考虑防洪。位于当地侵蚀基准面以下时,地表水有可能补给地下水,为地下水聚积创造条件;地表水是否成为矿井充水水源,关键在于有无充水途径,即地表水与矿井间有无直接或间接的通道。

当地表水成为矿井充水水源时,它对矿井的充水程度,取决于地表水体水量大小、地表水与地下水之间联系密切程度、充水岩层的透水性、地表水的补给距离等因素。地表水成为矿井充水重要水源时,一般具有的特征是:涌水量大,动态稳定,矿井总涌水量中地表水所占比例大于 60%,矿井涌水量随地表水补给距离的增加而减少。地表水对矿井深部几乎无影响,但常潜伏着地表水瞬时溃入矿坑的威胁。

② 地表水充水分析要点。

(a) 地表水体的特点:地表水体分暂时性的和常年性的。暂时性的应注意洪峰流量、最高洪水位及涉及范围和季节变化情况。在常年性的且水量很大的地表水体下部采煤时,应考虑具体开采条件和是否具有必要的安全技术措施。否则,一旦引起透水,将有淹没矿井的危险。

(b) 地表水体下部岩石的透水性:了解地表水体下松散沉积物的类型、透水性和松散沉积物与矿井充水围岩的接触关系,以及断裂破碎带透水性与阻水性等问题,其目的在于掌握地表水体与充水含水层之间是否存在直接的水力联系。若下部岩石为有一定厚度的隔水层,开采时隔水层的隔水性不会遭到破坏,则地表水体不参与矿井充水;若既有地表水体又有良好渗透条件,这将对矿井造成严重威胁。

(c) 地表水体和煤层的关系:煤层位于地表水面以上,开采时不受地表水影响,但开采位于地表水面以下煤层时要受到影响,影响程度与地表水体距离有关。在煤层上覆岩层透水性差且无断裂构造破坏情况下,煤层与水体的垂直距离大于煤层厚度 50 倍时,地表水对煤层开采的影响会消失。

(3) 地下水充水水源

① 地下水充水水源类型。

根据充水岩层性质不同可分为砂砾石孔隙充水矿床、坚硬岩层裂隙充水矿床和岩溶充水矿床。

根据矿层与充水岩层接触关系不同可分为直接充水矿床和间接充水矿床。

根据矿层与充水岩层相对位置不同可分为顶板水充水矿床、底板水充水矿床和周边水充水矿床。

② 地下水充水特点。

矿井由表土层至煤系地层间存有众多的含水层。但并非所有的含水层中地下水参与矿坑充水。参与矿坑充水的含水层的充水程度也有很大的差别。煤矿必须对矿体周围含水层按对矿井充水程度加以区分。在煤矿生产中,井巷揭露或穿过的含水层和煤层开采后冒裂带及底板突水等直接向矿井进水的含水层称为直接充水含水层。那些与直接充水含水层有水力联系,但只能通过直接充水含水层向矿井充水的含水层称为间接充水含水层。间接充水含水层是直接充水含水层的补给水源。对于天然和开采时都不能进入井巷的地下水,则不属于充水水源,仅属矿区内存在的地下水。

矿井在开采初期,进入矿坑地下水以储存量为主。随着长期的降压疏放,动储量地下水逐渐取代了储存量地下水而进入矿坑。因此,以消耗储存量地下水为主的矿井,在排水初期就会出现最大涌水量。随着储存量地下水的消耗,涌水量就逐渐减少,以致很快疏干。相反,如果以消耗动储量地下水为主,则排水初期涌水量较小,以后随着开采坑道的扩大而不断增长,并随着降落漏斗的形成而趋于稳定。由此可见,储存量地下水较易疏干,而动储量地下水则往往是矿井充水的主要威胁。

6.2.1.2 人为充水水源

（1）含水层袭夺水源

为了保证矿井安全生产,煤矿必须疏降高水压的承压充水含水层。随着矿床开采范围的不断扩大,区域地下水位降落漏斗不断扩展,这种人工疏降地下承压含水层的活动强烈改造着矿区的天然地下水流场。地下水流场获得新的补给水源称为袭夺水源。袭夺水源主要包括以下几种情况:① 位于矿床所在区的地下水流动系统排泄区的泉水;② 位于矿床开采区的地表水(海、湖、河);③ 相邻水文地质单元地下水。

（2）矿井老窑积水

① 老窑积水特征。

古代的小煤窑和近代煤矿的采空区及废弃巷道由于长期停止排水而保存的地下水,称为老窑积水。实质上它也是地下水的一种充水水源。对于一些老矿区充水具有重要意义。我国有不少老矿井,在浅部分布有许多小煤窑、采空区与废巷。

这些早已废弃的老窑与废巷,储存有大量地下水,这种地下水常以储存量为主,易于疏干。当现在生产矿井遇到或接近它们时,往往容易突水,而且来势凶猛,水中携带有煤块和石块,有时还可能含有有害气体,造成矿井涌水量突然增加,有时还造成淹井事故。我国一些开采历史较长的老矿区,老窑积水是不可轻视的充水水源。

在煤矿中,有时地下水赋存于因煤层自燃所形成的巨大溶洞中。国外某矿曾发生 12 h 内涌入平硐 3×10^5 m³ 的水,使矿井被淹,排水后发现是一个大溶洞所引起的。因此,对溶洞充水的可能性应引起重视。

② 老窑积水的充水特点。

老窑水一般分布在老矿山的浅部,具有以下充水特点:老窑积水多分布于矿体浅埋处,开采深度大约为 100 m,个别可达 200 m。老窑积水以储存量为主,犹如一个地下水库,其储量与采空区分布范围及空间有关。当煤(岩)柱强度小于它的静水压力时,即可发生突水,在短时间内大量积水涌入矿井,来势凶猛,破坏性强。老窑和旧巷积水与其他充水水源无水力联系时,一旦突水,虽然涌水量很大,但持续时间不长,容易疏干;若与其他水源有水力联系,可形成量大而稳定的涌水量,对煤矿生产危害较大。老窑积水是多年积存起来的,水循环条件差,水中含有大量 H_2S 气体,多为酸性水。

6.2.2 矿井充水通道分析

6.2.2.1 矿井充水天然通道

根据矿井充水天然通道的几何形态特征,可划分为:点状岩溶陷落柱、线状断裂(裂隙)带、窄条状煤系含水层隐伏露头、面状裂隙网络(局部面状隔水层变薄或尖灭)。地震裂隙也是矿井充水的天然通道。

（1）点状岩溶陷落柱型通道

岩溶陷落柱是指埋藏在煤系地层下部的巨厚可溶岩体。在地下水溶蚀作用下，其形成巨大的岩溶空洞。当空洞顶部岩层失去对上覆岩体的支撑能力时，上覆岩体在重力作用下向下垮落，充填于溶蚀空间中。因其剖面形态似一柱体，故称为岩溶陷落柱。

我国岩溶陷落柱多发育于北方石炭二叠系煤田，而南方矿区少见。岩溶陷落柱的导水形式多种多样，有的柱体本身内部导水，有的柱体是阻水的。陷落柱柱体及边缘由于岩溶陷落柱的塌陷作用而形成较为密集的次生裂隙带，可以沟通多层含水层组之间地下水的水力联系。岩溶陷落柱发育分布的控制因素较为复杂。

陷落柱按其充水特征可分为两大类型。① 不导水陷落柱。其特征是：陷落柱基底溶洞发育规模不大，陷落岩石碎胀堆积充满溶洞和盖层陷落空间，且经压实作用填塞了各洞隙，与上覆地层中各含水层裂隙互不相通，溶蚀作用终止，陷落柱失去透水条件，巷道穿过不淋水、不涌水。② 导水陷落柱。其特征是：基底溶洞发育，空间很大，其容量大于陷落柱岩块的充填量。柱体内充填物未被压实，垂直水力联系畅通，并且沟通煤层底板和顶板数个含水层，高压地下水充满柱体，岩溶作用强烈。采掘工作面一旦揭露或接近柱体，地下水大量涌入井巷，水量大且稳定，易造成淹井事故。

（2）线状断裂（裂隙）带型通道

断裂（裂隙）带型通道成为充水通道主要取决于断裂带本身水力性质和矿床开采时人为采矿活动方式与强度。

矿区含煤地层中存有数量不等的断裂构造，使断裂附近岩石破碎、位移，也使地层失去完整性，成为各种充水水源涌入矿井的通道。构造断裂带、接触带地段岩层非常破碎，裂隙、岩溶较发育，岩层透水性强，常成为地下水径流畅通带。当矿井井巷接近或触及该地带时，地下水就会涌入矿井，使矿井涌水量骤然增大，严重时可造成突水淹井事故。断层往往可使地下水多个含水层相互沟通，甚至与地表水发生联系。当矿井的可采煤层与富水性很强的含水层对接时，矿井涌水量大而稳定。

国内外大量统计资料表明，由于揭露或靠近断层而引起突水事故占 70%～80%。由此可见矿井突水事故的发生多与断层导水有关。断层能否成为涌水通道、断层能否导水与断层形成时的力学性质、受力强度、断层两盘和构造岩的岩性特征、充填胶结和后期破坏以及人为作用等因素有关。

根据以往水文地质勘探及矿山开采资料，断层的水文地质性质一般可划分为以下几种情况：① 隔水断层。它一般是压性断层或被黏土质充填的断层带。隔水断层两侧含水层组之间不发生水力联系。在矿床开采时，由于人为的采掘工程活动，有些天然状态下呈隔水性质的断层常活化为导水断层。当隔水断层切割于主要充水岩层组内时，隔水断层可以阻止充水岩层组之间的水力联系；当隔水断层分布在充水岩层组边界周围时，隔水断层可以阻止区域地下水对充水岩层组的补给。② 导水断层。当导水断层位于充水岩层组的区域边界时，导水断层将成为充水岩层组或邻近充水岩层组的补给通道；当导水断层与地表水体沟通时，导水断层将成为地表水补给矿床的主要导水通道；当导水断层切割煤系地层隔水顶、底板时，导水断层常引起顶板或底板涌（突）水灾害。

沟通充水岩层组之间水力联系的线状断裂（裂隙）带多分布在断层密集带、断层交叉点、断层收敛处或断层尖灭端等部位。

（3）窄条状隐伏露头型通道

我国大部分煤矿山，煤系地层灰岩充水含水层、中厚砂岩裂隙充水含水层及巨厚层的碳酸盐岩充水含水层多呈窄条状的隐伏露头与上覆第四系松散沉积物地层呈不整合接触。多层充水含水层组在隐伏露头部位垂向水力交替补给的影响因素主要有两个：① 隐伏露头部位基岩风化带的渗透能力大小；② 上覆第四系底部卵石孔隙含水层组底部是否存在较厚层的黏性土隔水层。

一般地说，基岩风化带的风化程度太强或太弱，其地下水的渗透性均较弱。基岩风化带的风化程度和深度与外动力地质条件、基岩的岩性和裂隙发育程度有关。最易风化的岩石有泥岩、沉凝灰岩、长石含量高的砂岩及分选性差、胶结性差的中、粗粒砂岩。在岩层风化过程中，水流参与是一个重要的影响因素。风化深度较深者多为裂隙较发育的岩层；泥岩虽然极易风化，但由于它的塑性强，一般裂隙发育有限，因此其风化深度往往较浅。探测隐伏露头部位基岩风化带的渗透能力一般可采用压（抽）水试验方法。

（4）面状裂隙网络（局部面状隔水层变薄区）型通道

根据含煤岩系和矿床水文地质沉积环境分析，华北型煤田的北部，煤系含水层组主要以厚层状砂岩裂隙充水含水层组为主，薄层灰岩沉积较少，在厚层状砂岩裂隙含水层组之间沉积了以粉细砂岩、细砂岩为主的隔水层组。在地质历史的多期构造应力作用下，这些脆性的隔水岩层在外力作用下以破裂形式释放应力，致使隔水岩层产生了不同方向的较为密集的裂隙和节理，形成了较为发育的呈整体面状展布的裂隙网络。这种面状展布的裂隙网络随着上、下充水含水层组地下水水头差增大，以面状越流形式的垂向水交换量也将增加。

（5）地震通道

根据开滦唐山矿在唐山地震时矿井涌水量和矿区地下水水位的长期观测资料，地震前区域含水层受张时，区域地下水水位下降，矿坑涌水量减少。当地震发生时，区域含水层压缩，区域地下水水位瞬时上升数米，矿坑涌水量瞬时增加数倍。强烈地震过后，区域含水层逐渐恢复正常状态，区域地下水水位逐渐下降，矿井涌水量也逐渐减少。震后区域含水层仍存在残余变形，所以矿井涌水在很长时间内恢复不到正常涌水量。矿井涌水量变化幅度与地震强度成正比，与震源距离成反比。

6.2.2.2 矿井人为充水通道

矿井人为充水通道包括顶板冒落裂隙带、地面岩溶塌陷带和封孔质量不佳钻孔等。

（1）顶板冒落裂隙带

埋藏在地下深处的煤层承受着上覆岩层的自重力，同时它自身也产生对抗力，两者处于平衡稳定状态。煤层开采后，采空区上方的岩层因下部被采空而失去平衡，相应地产生矿山压力，从而对采场产生破坏作用，必然引起顶部岩体的开裂、垮落和移动。塌落的岩块直到充满采空区为止，而上部岩层的移动常达到地表。根据采空区上方的岩层变形和破坏情况的不同，可划分为三带（见图6-1）。

① 冒落带。

冒落带是指采煤工作面放顶后引起直接顶板垮落的破坏范围。根据冒落岩块的破坏程度和堆积状况，又可分为上、下两部分。下部岩块完全失去已有层次，称为不规则冒落带；上部岩块基本保持原有层次，称为规则冒落带。冒落带的岩块间孔隙多而大，透水，透砂，故一

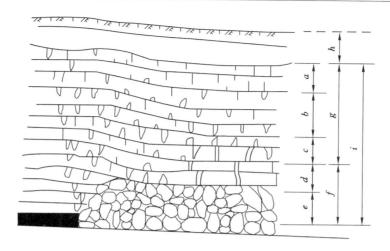

图 6-1 煤层顶板破坏粉带示意图

般不允许冒落带发展到上部地表水体或含水层底部,以免引起突水和溃砂。

② 导水裂隙带。

导水裂隙带是指冒落带以上大量出现切层和离层人工采动裂隙范围。依据断裂程度、透水性能由下往上由强变弱,其可分为:(a) 严重断裂段。岩层大部分断开,但仍然保持原有层次,裂隙之间连通性好,强烈透水甚至透砂。(b) 一般开裂段。岩层不断开或很少断开,裂隙连通性较强,透水但不透砂。(c) 微小开裂段。岩层基本不断开,裂隙连通性不好,透水性弱。导水裂隙带与采空区联系密切,若上部发展到强含水层和地表水体底部,矿坑涌水量会急剧增加。

③ 弯曲沉降带。

弯曲沉降带是指由导水裂隙带以上至地表的整个范围。该带岩层整体弯曲下落,一般不产生裂隙。该带仅有少量连通性微弱的细小裂隙,通常起隔水作用。

矿区煤层采空区冒落后,形成的煤层顶板冒落带和导水裂隙带是矿坑充水的人为通道。其特点如下:冒落裂隙带发育高度达到煤层顶板充水含水岩层时,矿坑涌水量将显著增加;冒落裂隙带发育高度未能达到顶板充水含水岩层时,矿坑涌水无明显变化。煤层顶板冒落裂隙带发育高度达到地表水体时,矿井涌水量将迅猛增加,并常伴有井下涌砂现象。

(2) 地面岩溶塌陷带

随着我国岩溶充水矿床大规模抽放水试验和疏干开采实践活动的开展,煤矿区及其周围地区的地表岩溶塌陷随处可见。地表水和大气降水通过塌陷坑直接充入井下,有时随着塌陷面积的增大,大量砂砾石和泥沙与水一起溃入矿坑。岩溶塌陷通道的存在极易引起第四系孔隙水、地表水大量下渗和倒灌,使大量水和泥沙涌入矿井,对矿井安全生产造成极大的威胁。"天窗"是指含水层顶板隔水层由于岩相变化或隔水层受后期冲刷而失去隔水性的部位。"天窗"的存在本身就是一个连通两个含水层的通道,导致邻层地下水甚至地表水涌入矿井。

(3) 封孔质量不佳钻孔

矿区钻孔封孔质量不佳时,这些钻孔转变为矿井突水的人为导水通道。当掘进巷道或采区工作面接触这些封孔质量不良钻孔时,煤层顶、底板充水含水层地下水将沿着钻孔补给采掘工作面,造成矿坑的涌(突)水事故(见图 6-2)。

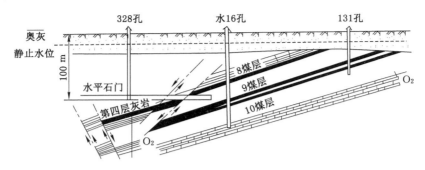

图 6-2　导水钻孔形成突水通道示意图

6.2.3　矿井充水强度分析

在自然的矿床分布中,单一充水水源或单一充水通道的矿床是少见的。从矿床水文地质剖面可以看出,矿层(体)上部和下部往往分布着多个含水层组。究竟哪个是充水含水岩层? 哪个不是充水含水岩层? 哪个是强充水含水层组? 哪个是弱充水含水层组? 回答这些问题的方法称为矿床充水强度分析。

6.2.3.1　矿井充水强度和指标

地下水储存在不同的充水含水层中,含水层的埋藏条件不同和岩石性质不同,决定了其含水强度的不同。当采掘巷一旦接近或揭露含水层时,涌入矿井的水量是不一样的,有的很大,有的却很微弱。在煤矿生产中,把地下水涌入矿井内水量的多少称为矿井充水程度,用来反映矿井水文地质条件的复杂程度。

生产矿井常用含水系数(K_B)或矿井涌水量(Q)2 个指标来表示矿井充水程度。

（1）含水系数

含水系数又称富水系数,是指生产矿井在某时期排出水量 Q(单位 m³)与同一时期内煤炭产量 P(单位 t)的比值,即矿井每采一吨煤的同时,需从矿井内排出的水量。含水系数用 K_B 表示,即:

$$K_B = \frac{Q}{P} \tag{6-1}$$

根据含水系数的大小,将矿井划分为以下 4 个等级。

① 充水性弱的矿井:$K_B < 2$ m³/t;

② 充水性中等的矿井:$K_B = 2 \sim 5$ m³/t;

③ 充水性强的矿井:$K_B = 5 \sim 10$ m³/t;

④ 充水性极强的矿井:$K_B > 10$ m³/t。

（2）矿井涌水量

矿井涌水量是指单位时间内流入矿井的水量,用符号 Q 表示,单位为 m³/d、m³/h 或 m³/min。根据涌水量大小,将矿井划分为以下 4 个等级。

① 涌水量小的矿井:$Q < 2$ m³/min;

② 涌水量中等的矿井:$Q=2\sim5$ m³/min;

③ 涌水量大的矿井:$Q=5\sim10$ m³/min;

④ 涌水量极大的矿井:$Q>10$ m³/min。

6.2.3.2　影响矿井充水水量大小的因素

(1) 充水岩层的出露条件和接受补给条件

矿区充水岩层的出露条件,直接影响矿区地下水补给量的大小。充水岩层的出露条件包括它的出露面积和出露的地形条件。前者指接受外界补给水量的范围,出露面积愈大,则吸收降水和地表水的渗入量就愈多;反之则少。后者指出露的位置、地形的坡度及形态等,它关系到补给水源的类型和补给渗入条件。若分布在地形较陡的分水岭地段,它只能接受降水入渗补给,且地形陡,降水大部呈地表径流流失;若分布于低洼处,它不仅能接受降水的补给,而且能得到地表径流汇入洼地的补给。若直接位于河床下,则充水岩层大量吸收地表水,对矿井充水程度影响更大。

矿区范围内覆盖层透水性能的强弱也是分析矿井充水强度不容忽视的一个因素。降水和地表水的充水作用,往往是通过覆盖层进行的。若矿区范围内广泛分布有弱透水层或不透水覆盖层,并且具有一定厚度和稳定性,那么就可以有效地阻止降水或地表水的渗入。例如,江西丰城的仙姑岭矿区,虽然分布有地表水,且洪水期常淹没大部分矿区,但是因其上广泛分布有弱透水亚黏土组成的隔水表层,大大减弱了地表水对矿井充水的威胁。在分析覆盖层透水性时,还必须考虑开采条件下的转化。例如,采空区上方的采动裂隙,矿井长期排水或突水时引起的地表开裂和塌陷,均会破坏覆盖层的隔水作用。间接充水含水层对矿井充水强度的影响程度与"天窗"的面积大小有密切关系。邻层地下水通过天窗进入直接充水层后参与矿井充水,从而增加矿井涌水量。总之,充水岩层出露程度愈高,覆盖层的透水性愈强,补给水源接触面积愈多,矿井充水愈强,矿井涌水量愈大。

(2) 矿井的水文地质边界条件

矿井水文地质边界条件由侧向边界和顶底板条件两部分组成。对矿井地下水的补给水量起着控制作用。

① 矿井的侧向边界条件

侧向边界是指矿井内煤层或含水层与其周围的岩体、岩层、地表水体等接触的界面。按边界的过水能力来分,有供水(透水)边界、隔水边界和弱透水边界 3 种。(a) 供水边界(如透水断层、地表水体)是指能从外界获得补给的边界。例如,矿井内的煤层和主要充水含水层通过导水断层能获得区域强含水层的补给,在水头差作用下,区域地下水通过界面流入一定水量进入矿坑,即 $q>0$。(b) 隔水边界是指该界面两侧无水量交换,即 $q=0$。例如,火成岩体或隔水断层,且直接充水含水层与泥岩、页岩接触。(c) 弱透水边界是指直接充水含水层与区域含水层接触,但断层带弱透水或阻水,两侧水量交换微弱,$q\approx0$。

一个矿井的周边大多是由不同边界组合而成的。因此这些边界的形状、范围、水量的出入直接控制了矿井的涌水量。若矿井的直接充水含水层的四周均为强透水边界(富水断层、地表水、强含水层),在开采条件下,区域地下水或地表水可通过边界大量流入矿井,供水边界分布范围愈大,涌入的水量愈多、愈稳定。若矿井周边由隔水边界组成,则区域地下水与矿井失去水力联系,开采时涌水量则较小,即使初期涌水量较大,也会很快变小,甚至干涸。

② 煤层顶底板的隔水或透水条件

煤层及其直接顶底板的隔水或透水条件,是影响矿床充水强度关键因素之一。最理想的条件是煤层直接顶底板均是可靠的隔水层组成的剖面边界,即无外部水源补给,这样矿井涌水量小,甚至干燥无水。但这种情况不多见。常见的有如下3种组合方式:底板为稳定隔水层,煤层或直接充水含水层仅能从大气降水或地表水通过盖层或"天窗"补给,此时水量依赖于降水入渗量及地表水"天窗"补给量;顶板为隔水层、底板为弱透水层时,矿井涌水量仅取决于下部含水层的越流量;顶底板均无隔水层存在时,则降水入渗量及侧向边界补给量等均会成为矿井涌水量。

当煤层上覆和下伏有强含水层或地表水体时,则顶底板的隔水能力是影响矿井充水的主要因素,并取决于隔水层的岩性、厚度、稳定性、完整性和抗张强度。隔水性能较强的有黏土、黏土岩、页岩。只要有5 m厚的黏土层不被破坏,矿井就可以在水体下安全作业。隔水层顶底板厚且稳定,开采冒落带达不到强含水层或地表水时,矿井涌水量小;反之,若隔水层变薄或缺失,矿井涌水量必将增大;隔水层愈完整,其抗张强度愈大,隔水性能愈好,矿井涌水量小;反之,隔水层破坏程度愈高,完整性愈差,其抗张强度愈低,抵抗水压能力弱,矿井涌水量增大。例如,在湘中二叠纪煤田,由于构成煤层顶底板的煤系地层的厚度、岩性结构,在整个煤田范围内有较大的差异,因此出现了两种截然不同的充水条件:一种是以恩口、斗笠山、煤炭坝等矿区为典型,底板煤系地层过薄,甚至缺失,使矿井直接开挖在下伏岩溶发育的茅口灰岩之上,形成严重充水条件,矿井涌水量一般达到每小时数千立方米以上,含水系数高达200以上;另一种以牛马司、两市塘为代表,煤系地层厚而稳定,断层多切穿煤系时被充填封闭,井巷开挖在稳定可靠隔水层中,有效阻挡各种水源的渗入,故充水微弱,矿井涌水量一般不超过每小时数百立方米。

(3)地质构造条件

构造的类型(褶皱或断裂)和规模,对矿井充水强度亦起着控制作用。褶皱构造往往构成承压水盆地或斜地储水构造。构造类型不同,则充水含水层的分布面积、空间位置、补径排条件亦有差别,从而矿井充水强度也不一样。大型储水构造往往构成一个独立的水文地质单元,不仅充水含水层厚度大,而且分布广,接受降水或其他水源的水量就多,反映其排泄量大,矿区总排水量也大,矿井突水量大,水文地质条件复杂;反之,相对较简单。例如,焦作矿区,处于太行山南麓,背斜的一翼,为一承压水斜地储水构造。奥陶系间接充水含水层厚为$400\sim600$ m,岩溶发育,分布面积1 592 km²,裸露面积1 073 km²。矿区内断裂发育,使奥灰岩溶水与大煤下伏部分薄层灰岩有水力联系。矿区奥灰水储存量为39.84亿吨,动储量为$7.682\sim12$ m³/s,矿井最大突水量为320 m³/min。即使同一构造中分布的矿井,由于所处部位不同,涌水量也各异。例如,同一承压水盆地储水构造,处在盆地边缘的矿井涌水量通常较深部矿井的涌水量大,而处在裂隙和岩溶不发育地段的矿井,则涌水甚微。

6.2.3.3 矿井充水的关键性条件分析

矿山调查资料表明,矿床开采后矿井充水强度除取决于充水含水层组的富水性、导水性、厚度和分布面积外,还取决于3个防线:第一防线是充水含水层组出露和接受补给水源的条件;第二防线是充水含水层组侧向边界的导水与隔水条件;第三防线是矿层顶、底板岩层的隔水条件。

(1)第一防线

充水含水层组出露和接受补给水源的条件可划分为以下5种情况。

① 矿区位于山前地带,煤系地层与煤系充水含水层大面积被第四系黏土、亚黏土层覆盖。此类矿床开采时具有以下特点:矿井疏干时地下水位随采掘工作面向深部移动、降低;矿井疏干涌水量较小,矿井开采初期涌水量稍微大些,后期将逐渐减少;矿井水量相对稳定,季节性变化不大。例如,肥城矿务局各矿充水含水层组多属此类。

② 矿区位于平原地区,煤系地层与煤系充水含水层大面积与第四系砂砾石含水层直接接触,矿床开采时由于第四系砂砾石含水层强烈充水,形成拟定水头强渗透边界,矿井涌水较大。为了防止水、砂溃入矿坑,矿井煤层开采时需留设较厚的煤岩柱。例如,开滦矿区各矿井充水含水层组多属此类。

③ 矿床分布于湖底下,煤系地层与煤系充水含水层位于湖底下。这类矿床开采实际就是水体下煤层开采。为了防止湖水溃入井下,矿床开采时湖底煤系地层需留设防水安全煤岩柱。此外,矿床开采过程中需要严格控制煤层顶板冒落带和导水裂隙带的发育高度和保护煤柱。

④ 一般矿床,井田范围内无第四系松散覆盖沉积层和地表水体分布,煤系地层直接出露地表。矿床开采时,充水含水层被疏降,地下水水位下降,充水含水层被疏降速度除取决于充水含水层的富水性外,大气降水补给也是重要的决定因素。一般矿井涌水量较小,地下水动态随季节性变化明显。

⑤ 矿床分布于季节性河流下部,季节性河流成为矿床开采的季节性充水水源。这类矿床开采时,矿井必须在河流底部煤系地层留设防水保护煤岩柱,并严格控制冒落带和导水裂隙带的发育高度。

上述五种自然出露条件,其充水强度具有明显差别。当然,矿床开采方法、开采范围大小和开采深度等人为工程活动也是决定矿床充水强度的重要控制因素。

（2）第二防线

为阐述问题方便,关于充水含水层组侧向边界的导水与隔水条件,将以直接充水矿床侧向边界导水、隔水条件为例,分析不同性质水力边界对矿床充水强度的影响。

所谓直接充水矿床就是指矿井煤层直接顶、底板均为充水含水岩层的矿床(体)。矿床充水强度的强弱与直接充水含水岩层本身的富水性、渗透性等有关。直接充水含水岩层的侧向边界导隔水性也是决定其矿床充水强度的一个重要因素。侧向水力边界的封闭程度是评价直接充水矿床充水强度的一个重要指标。矿床开采后,煤系直接充水含水岩层经长期疏降,其地下水静储量很快被疏干。充水含水岩层能否长期充水,则取决于其边界的水力性质。当周边界为强补给边界时,则充水含水岩层很难被疏干,它将长期充水;但当侧向水力边界为弱透水或完全隔水边界时,矿床开采后充水含水岩层将被疏干,不会威胁矿井安全生产。

（3）第三防线

第一、二防线是通过讨论矿床开采过程中充水含水层的补给条件来分析矿床充水强度。下面通过讨论矿床(体)直接顶板覆岩的隔水性能的实例,分析矿床顶、底板的导隔水条件对矿坑充水的影响。

① 隔水顶板。

我国南方大部分地区开采龙潭煤系的上部煤组,煤层上部长兴灰岩含水层为间接顶板岩溶充水含水层。该类岩溶充水含水层矿床的充水强度主要取决于煤层与上部长兴灰岩之间岩段的防隔水性能。顶板岩段的防隔水性能主要取决于下列因素:煤层顶板岩段的厚度、岩性、岩性组合、岩性的垂向分布位置和稳定性;煤层顶板岩段断裂构造的分布情况;煤层顶板岩段的破碎、抗张强度等因素。

一般无断裂构造分布、顶板岩段完整、沉积厚度大于冒裂带发育高度的煤层顶板为防隔水性较强的安全顶板。

② 隔水底板。

我国北方的华北型石炭二叠纪煤田及铝土、黏土矿等均属奥灰岩溶水底板充水矿床;南方的龙潭煤系下组煤,属茅口灰岩岩溶水底板充水矿床。岩溶水底板充水矿井在开采矿床时,在高水头承压水压力及矿压等因素的联合作用下,易发生大型或特大型的底板岩溶水突水灾害,给矿山安全开采带来极大困难。

矿床底板突水是一个非常复杂的非线性动力学突变问题。影响矿床底板突水的最重要的因素是煤层底板隔水岩段的防隔水性能。在相同水头压力和矿压的作用下,煤层底板防隔水性主要取决于隔水岩段的岩性、岩性组合、隔水岩段厚度、稳定性及断裂构造的发育情况等。

华北型石炭二叠纪煤田的煤层底板隔水岩段,一般情况下由 4 种岩性组成,即砂页岩、页岩、铝土岩、含铁砂岩及铁矿层。就隔水性而言,页岩>铁质岩>铝土岩>砂岩;但就相对密度和抗张强度来看,铁质岩>铝土岩>砂岩>页岩。综合各因素,各岩性层的防隔水性能等级可划分为:铁质岩>铝土岩>页岩>砂岩。

自然界中煤层底板岩段组成往往不是单一岩层,而是由几种不同岩层相互组合,呈互层状出现。由铁质岩、铝土岩和页岩互层组合的煤层底板岩段,隔水性能较好,防隔水能力较强;由铁质岩、铝土岩和砂岩组合的煤层底板岩段,虽然抗张强度较高,但防隔水性能较差。从上述分析可知,煤层底板岩段的防隔水性不仅取决于底板岩段的岩性,而且与煤层底板岩段的岩性组合有很大关系。

6.3 井下突水量预测评价

6.3.1 矿井涌(突)水量基本概念

矿井在开拓过程(包括地下和露天开采)和开采期间所排出的水量统称矿井涌(突)水量。因此,矿井涌(突)水量的预测范围包括单项工程(井巷)的涌水量和开采系统(水平)的涌(突)水量,而习惯上所称矿井涌(突)水量就是指开采系统的涌(突)水量,其预测计算的内容如下。

① 矿井正常涌水量:指矿井开采系统在某一标高(水平)时,正常状态保持相对稳定的总涌水量,一般指平水期和枯水期涌水量的平均值。

② 矿井最大涌水量:指开采系统在正常开采时雨季期间的最大涌水量。

③ 井巷工程涌水量:包括井筒(立井、斜井、平硐)和巷道(平巷、斜巷、石门等)开拓过程中的排水量。

④ 矿井疏干排水量:反映在规定的疏干时间内,将水位降到规定标高时所必需的疏干排水强度;指坑道系统还未开拓,或疏干漏斗还未形成,受人为因素(规定的疏干期限)所决

定的排水疏干工程(钻孔或排水坑道)的排水量。

⑤ 矿井突水量:指井巷在工程开拓过程或矿床开采时由于影响和破坏了围岩或顶、底板充水含水层而产生瞬时溃入矿井的水量。

6.3.2　影响矿井涌(突)水量的因素

(1)矿区煤系地层覆盖层的透水性和围岩出露条件

矿区煤系地层覆盖层的透水性好,则补给量和井下涌水量大。一般认为,矿区内若分布有大于 5 m 的稳定的弱透水层,就可有效地阻挡地表水和大气降水的下渗。透水的围岩在地表出露面积越大,则接受地表渗水就越多,井下涌水量越大。

(2)矿区地形条件

矿区位于当地侵蚀基准面以上时,涌水量通常较小,由于排泄条件良好,水可以由平硐流出,补给水渗透对矿井涌水的影响也不大。而开采深度低于当地侵蚀基准面的矿体,或位于河谷凹地以及地形低洼地区的矿床时,涌水量会比较大,特别是在暴雨期间,涌水量可能大幅度增加。

(3)矿区地质构造条件

矿区地质构造断裂面力学性质和同一构造体系不同部位对矿井涌水的影响程度是不一样的。例如,张性断裂面对矿井涌水的影响大于压性断裂面的影响;而交叉点导水性好,突水性强。

6.3.3　矿井涌水量预测方法

6.3.3.1　矿井涌水量观测

(1)矿井涌水量观测站(点)的布设原则

矿井涌水量观测站(点)分固定站(点)和临时站 2 种。在一般情况下,矿井的每一开采水平,每一水平的不同开采翼的不同开采层,疏干石门或水文地质条件复杂的开采区域,长期涌水的突水点、放水孔等重要的水点,都要设立固定站,对井下涌水量进行长期测定。采掘工作面的探放水钻孔、一般出水点、井筒新揭露的含水层等,通常都设置临时站测定涌水量。

(2)矿井涌水量观测站(点)位置的选择

重要涌水点附近、水文地质条件复杂区域、排水井的下游、疏干石门水沟的出口处或各主要含水层水沟的下游、不同开采翼大巷水沟入水仓处等,都是设站(点)的位置。设站处 3～5 m 内的水沟要顺直,断面要规则,沟底坡度要均匀,流水要通畅稳定。特别是大巷入水仓处的测站,要远离水仓口 20 m 以外,避开紊流段。测站处要用油漆书写站名并设有明显的标志。

(3)矿井涌水量观测工作

① 对井下新揭露的突水点、探放水钻孔,在涌水量尚未稳定和尚未掌握其变化规律前,观测时间间隔要短,一般应每天观测一次;对溃入性涌水,在未查明突水原因前,应每隔 1～2 h 观测一次,以后可适当延长观测间隔时间,涌水量稳定后,可按井下正常观测时间观测。观测涌水量的同时,还要测量水压、水温,并观测附近可能有水力联系的其他测站水量(压)的变化。必要时,应取水样进行水质分析。

② 各固定站的观测间隔时间应根据各矿井的水文地质条件确定。

③ 矿井涌水量观测一般应分矿井水平设站观测,每月观测 1~3 次。复杂型和极复杂型矿井应分煤层、分煤系、分地区、分主要出水点设站进行观测,每月不小于 3 次。受降水影响的矿井,雨季观测次数应适当增加。

④ 当采掘工作面上方影响范围内有地表水体、富含水层、穿过与富含水层相连通的构造断裂带或接近老窑积水区时,应每天观测充水情况,掌握水量变化。

⑤ 新凿立井、斜井,垂深每延深 10 m,观测一次涌水量;掘至新的含水层时,虽然不到规定的距离,但是应在含水层的顶底板各观测一次涌水量。

⑥ 矿井涌水量的观测,应注重观测的连续性和精度,应采用容积法、堰测法、流速仪法或其他先进的测水方法。测量工具要定期校验,以减少人为误差。

⑦ 井下疏水降压(或疏放老空水)钻孔涌水量、水压观测时,在涌水量、水压稳定前,应每小时观测 1~2 次,待涌水量、水压基本稳定后,按正常观测要求进行。

6.3.3.2 矿井涌水量预测法

(1) 水文地质比拟法

① 水文地质条件比拟法

水文地质条件比拟法,实质是在水文地质条件相近和开采方法相同条件下,利用现有的矿井涌水量观测资料,采用经验公式,预测未来的矿井涌水量。

降深比拟法计算公式为:

$$Q = Q_0 \left(\frac{S}{S_0}\right)^n (n \leqslant 1) \tag{6-2}$$

采面比拟法计算公式为:

$$Q = Q_0 \sqrt[m]{\frac{F}{F_0}} (m \geqslant 2) \tag{6-3}$$

单位采长比拟法计算公式为:

$$Q = Q_0 \left(\frac{L}{L_0}\right)^n (n \leqslant 1) \tag{6-4}$$

采面采深比拟法计算公式为:

$$Q = Q_0 \left(\frac{F}{F_0}\right)^n \sqrt[m]{\frac{S}{S_0}} (n \leqslant 1, m \geqslant 2) \tag{6-5}$$

式中,Q_0 为已知矿井实际排水量,单位 m³/h;S_0 为已知矿井实际采深,单位 m;F_0 为已知矿井实际开采面积,单位 m²;L_0 为已知矿井实际开采巷道长,单位 m;Q 为设计矿井涌水量,单位 m³/h;S 为设计矿井开采深度,单位 m;F 为设计矿井开采面积,单位 m²;L 为设计矿井巷道开采长度,单位 m;m 为与地下水流态有关的系数。

② 富水系数法

富水系数(K_P)是矿井排水量(Q_0)与同时期矿井生产能力(P_0)之比值。它是衡量矿井水量大小的一个指标。K_P 值是根据矿井长期排水量和生产能力统计数字而确定的。

富水系数法就是根据已知矿井富水系数预测邻近的水文地质条件相近、开采方法相同的新矿井矿坑涌水量,即:

$$Q = K_P P = \frac{Q_0}{P_0} P \tag{6-6}$$

式中, Q 为新设计矿井涌水量, 单位 m^3/a ; Q_0 为已知老矿井涌水量, 单位 m^3/a ; P_0 为已知老矿井生产能力, 单位 t/a ; P 为设计新矿井生产能力, 单位 t/a 。

（2）相关分析法

① 基本原理和应用条件

相关分析法是一种数学统计法, 是研究同一体中的各种变量之间的相互关系。这些变量之间的关系, 有的表现为确定性函数关系, 有的则没有关系。变量间的这两种关系, 统计学分别称为完全相关和零相关, 是相关中的两种极限情况。介于它们两者之间的关系称为相关关系。在矿坑涌水量预测中, 利用抽水、放水、矿井排水和水位等大量实际观测资料, 找出涌水量与水位降深、开采面积、地表水补给和大气降水补给等因素之间的相关关系, 依据这些关系和它们间表现出的密切程度, 建立相应回归方程, 推算预测未知矿坑涌水量。

② Q-S 曲线类型及相应方程

应用抽（放）水试验所取得的不同水位降深（ S ）的稳定涌水量（ Q ）的统计资料, 绘制一曲线。因各矿区水文地质条件和抽（放）水强度不同, Q-S 曲线也表现出不同类型。其一般可划分为 4 种基本类型, 即直线、抛物线、幂函数曲线和半对数曲线。它们相应的数学方程可分别表示为:

$$Ⅰ:\qquad Q = a + bS \tag{6-7}$$

$$Ⅱ:\qquad S = aQ + bQ^2 \text{ 或 } Q = \frac{\sqrt{a^2 + 4bS} - a}{2b} \tag{6-8}$$

$$Ⅲ:\qquad Q = a\sqrt[b]{S} \tag{6-9}$$

$$Ⅳ:\qquad Q = a + b\lg S \tag{6-10}$$

③ 曲线类型确定

根据上述分析, 抽（放）水试验的涌水量与降深曲线一般存在 4 种基本类型, 那么如何判断确定某次具体抽（放）水试验的 Q-S 关系曲线究竟属于哪一种类型, 这是一个值得探讨的问题。

一般常用的判断确定方法如下:

A. 曲度法

在抽（放）水试验过程中, 有时需要初步分析一下 Q-S 曲线类型。常用最简便的方法是曲度法。曲度用 n 值表示:

$$n = \frac{\lg S_2 - \lg S_1}{\lg Q_2 - \lg Q_1} \tag{6-11}$$

只要有两次抽（放）水试验的涌水量和相应降深资料, 代入式（6-11）即可求得 n 值。当 $n=1$ 时, Q 与 S 关系为直线; 当 $n=1\sim2$ 时, Q 与 S 关系为幂函数曲线; 当 $n=2$ 时, Q 与 S 关系为抛物线; 当 $n>2$ 时, Q 与 S 关系为半对数曲线。

实质上此方法是用包括原点在内的三个点来判别的, 比较简便明了, 且在理论上也是成立的。但曲线类型的最终确定尚需与其他判别方法一起配合使用。

B. 单位涌水量法

根据抽（放）水试验中三个点的涌水量与降深观测资料, 计算单位涌水量, 得到 q_1、 q_2 和 q_3 三个点的单位涌水量资料, 然后在 Q 与 S 直角坐标系中, 绘制 Q 与 S 曲线。当为水平直线时, Q 与 S 关系为直线型; 当为向下斜线时, Q 与 S 为抛物线型; 当为向下折线时, Q 与 S

为幂函数曲线型；当为向下缓折线时，Q 与 S 为半对数曲线型。

上述方法也较为简便，而且对直线型和抛物线型曲线鉴别较准确，对后两种曲线鉴别准确性尚差些，但可以与曲度法相互比较，配合使用，达到判断确定曲线类型的目的。

C. 地质条件分析判断法

用曲度法和单位涌水量法判断确定的曲线类型，应与抽（放）水含水层充水特征相符。Q-S 曲线是水文地质条件和抽（放）水强度的综合反映，是正确的抽（放）水试验所获得的曲线，能够代表抽（放）水含水层的水力特征和边界条件等。因此，地质条件判断是确定抽（放）水试验效果的最重要标志，也是衡量 Q-S 曲线是否具有代表性的主要依据。

（a）直线型：一般代表分布范围广的高水头厚层承压含水层。当抽水或放水量有限时，承压水头降低较小时，地下水呈层流状态运动，抽水孔或放水孔附近没有形成明显的紊流现象，抽（放）水试验的 Q-S 曲线一般呈直线型。

（b）抛物线型：一般代表分布范围较广的厚层承压或潜水或有较好补给条件的充水含水层，当抽（放）水试验延续时间较长、抽（放）水强度较大并形成较大降深时，抽（放）水孔附近的地下水形成紊流，其 Q-S 曲线偏离 S 轴，形成抛物线型曲线。

（c）幂函数曲线型：当含水层分布范围有限、厚度相对较薄、其富水性和透水性较强、抽（放）水延续时间较长且抽（放）水试验初期涌水较大时，中后期随着降深增大涌水量增加较小，抽水孔附近将形成明显的紊流区，其 Q-S 曲线明显出现下垂现象，即呈现幂函数曲线特征。

（d）半对数曲线型：当含水层分布规模很小，周围以隔水边界为主，补给条件极差，抽（放）水过程中，随着降深增加，其涌水量增加一直很小时，抽（放）水孔附近将出现较大范围的紊流区，其 Q-S 曲线一般靠近 S 轴，呈半对数曲线特征。

上述条件判断注意不能硬套规定的类型，当两者不符时，要从矿井水文地质条件的再认识和抽水试验资料代表性分析两方面去检查验证。

（3）稳定流解析法

① 基本要求

在矿坑疏干排水过程中，形成疏干（或降压）漏斗。当漏斗扩展到补给边界，矿坑涌水量将呈相对稳定状态，出现地下水流量和水位等动态要素不随时间变化的动平衡状态，这时可以用稳定流解析法预测矿坑涌水量。其具体应用条件是：预测计算的内、外边界可以概化为简单的几何形状；含水层可认为是均质、各向同性的；有固定补给水源，能形成稳定水头的补给边界。对上述概化的水文地质物理概念模型，可以用拉普拉斯方程（侧向补给稳定）或泊松方程（侧向加垂向补给稳定）来描述，并可用它们的解析公式来预测矿坑涌水量。

② 大井法

矿床开采时矿坑系统的形状往往是比较复杂的，但矿区疏干漏斗形状是以矿坑为中心的近圆形漏斗。因此，将复杂坑道系统概化成一个"大井"，然后根据疏干含水层地下水类型及不同边界条件下的疏干漏斗分布范围、形状等特点，达到预测矿坑涌水量之目的。

在人工疏干辐射流场中，任一点都有一个与该点水头相应的势函数，其表达式为：

$$\Phi = \frac{Q}{2\pi}\ln r + C \tag{6-12}$$

式中，r 为"大井"中心至流场内任意点的距离，单位 m；C 为特定常数；h 为距"大井"中心 r

远处的水头值,m;Φ 为势函数。

（4）非稳定流解析法

自然界中地下水的运动常常是处于不稳定状态中。水的稳定只是相对的,水的非稳定才是绝对的。在矿床疏干排水过程中,当疏干排水量大于其补给量时,疏干漏斗随着时间将不断向外扩展,呈现出非稳定流状态。地下水非稳定流理论能比较符合实际地反映自然界中地下水的非稳定特征,能较全面地描述地下水疏降漏斗随着时间不断向外扩展的全过程,因此该理论发展较快,得到了水文地质界同行们的认可。

泰斯在 8 条基本假设条件基础上,建立了地下水非稳定流解析解公式:

$$S = H_0 - H = \frac{Q}{4\pi T}\int_u^\infty \frac{e^{-u}}{u}du \qquad (6\text{-}13)$$

$$u = \frac{r^2 s}{4Tt}(令 a = \frac{T}{S} 时,u = \frac{r^2}{4ar}) \qquad (6\text{-}14)$$

式中,r 为某观测点离抽水井距离,单位 m;S 为距离抽水井 r 处、抽水后 t 时刻水位降深值,单位 m;H 为距离抽水井 r 处、抽水后 t 时刻水头值,单位 m;H_0 为充水含水层原始水位标高,单位 m;Q 为抽水量,单位 m³/d;T 为充水含水层导水系数,单位 m²/d;u 为积分变量;s 为充水含水层储水系数;a 为充水含水层传导系数,单位 m²/d。

（5）数值法

由于解析方法只适用于含水层几何形状简单,并且是均质、各向同性等理想情况,因而其应用范围受到了极大的限制。实际的水文地质条件往往是比较复杂的,如含水层是非均质的,含水层的厚度随坐标而变化,隔水顶、底板起伏不平,水文地质边界形状不规则,边界条件复杂多样,地下水的补给来源除侧向补给外还存在垂向补给,由于大流量疏排水而使充水含水层中的部分承压区转变为无压区等。数值法为研究解决这类复杂问题开辟了新的途径。数值法与电子计算机技术的有机结合,可以解决很多过去难以解决的复杂问题。因此,数值法能够使所建立的数学模型更接近于实际的水文地质条件。数值法本身是一种求近似解的方法。但应指出,在实际工作中所碰到的问题往往只要求得到具有一定准确程度的近似解。当近似解的近似程度能满足实际工程的精度要求时,这种近似解的价值显然是毫不逊色于严格的精确解（解析解）的。

在水文地质计算中常用的数值方法主要包括有限差分法、有限单元法和边界单元法等。这些方法已经成为研究地下水不可缺少的重要手段。(a)有限单元法原理相对复杂,数学推导较为严密,是地下水模拟评价中较为成熟且行之有效的计算方法之一。(b)边界单元法与有限单元法同样具有严密的数学推导,在处理非规则边界方面与有限单元法同样出色,而且该方法在前处理工作量方面远少于有限单元法的。但是由于该方法在处理非均质问题上还存在着不足,因而限制了它的进一步推广应用。(c)有限差分法,特别是交替方向隐式差分法,计算速度快、占用内存少,同时数学推导简单易懂,比较直观,前处理工作量较有限单元法的略少一些。但这种方法的计算时间步长受较多因素的限制,不仅受导水系数、贮水系数等大小的影响,而且还受区域形状的控制,如果计算时间步长取得不合适,模拟计算结果将偏离实际。

假如一个地下水模拟评价区域采用相同多的结点剖分,一般说来有限单元法比有限差分法有更高的精度。有限单元法前处理工作量巨大,占用的内存比较多,因此需要注意合理地编排结点号码,采用节省存贮和行之有效的求解线性代数方程组的方法(近来多用改进平方根法)。

6.3.4 矿井突水量现场估算方法

6.3.4.1 现场实测突水量方法

（1）浮标法

矿井发生突水后,初期水量一般较小,可在井下巷道的排水沟内测量其水量。选用几何形状规整的排水沟 5 m 长左右,清除沟内的杂物,选择上、中、下 3 个断面,测量其宽度及 3～5 个水深值,并用木屑或纸屑作浮标,测量排水沟内水的流速,反复测量 3～5 次,采用下式即可计算突水水量。

$$Q = 60KL \frac{\frac{1}{3}(W_1 \frac{h_1+h_2+h_3}{3} + W_2 \frac{h_4+h_5+h_6}{3} + W_3 \frac{h_7+h_8+h_9}{3})}{\frac{t_1+t_2+t_3}{3}} \tag{6-15}$$

式中,Q 为突水水量,单位 m^3/min;L 为水沟测量段长度,单位 m;W_1 为水沟断面宽度,单位 m;h_1 为水沟内水深,单位 m;t_1 为浮标在某一段内运动的时间,单位 min;K 为断面系数,按表 6-1 选择。

表 6-1 断面系数 K 的选择

水沟特性	水深/m	0.3～1.0		>1.0	
	粗糙度	粗糙	平滑	粗糙	平滑
K 值		0.45～0.65	0.55～0.77	0.75～0.85	0.80～0.90

当突水继续增大到不能采用巷道排水沟测量时,可选用巷中较为平直的一段,测量巷道内的水流量。其具体测量方法与排水沟内测量方法相同。

（2）水泵标定法

突水事故发生后,应增开水泵或增加水泵运转时间。水仓内增加的水量用下式计算:

$$Q = KNW + \frac{SH}{t} \tag{6-16}$$

式中,W 为水泵的铭牌排水量,m^3/min;N 为增开的水泵台数,台;K 为水泵的排水系数,可参照表 6-2 选取;H 为 t 时间内位上升高度,m;S 为水仓的水平断面面积,m^2;t 为水仓水位上涨 H 所用的时间,min。

表 6-2 水泵的排水系统

排水条件	新泵排清水	旧泵排清水	新泵排浑水	旧泵排浑水	双台老泵单管排水
K	1	0.8	0.9	0.7	0.6

（3）容积法

矿井突水时,若水是由下向上充满井下巷道及其他空间,则可利用下水平巷道硐室的淹没时间来估算其突水量,即:

$$Q = \frac{V}{t} \text{ 或 } Q = \frac{SH}{t} \tag{6-17}$$

式中,V 为下水平巷道的淹没体积,单位 m³;t 为淹没时间,单位 min;S 为下水平硐室巷道的水平断面面积,单位 m²;H 为在 t 时间内水位上升高度,单位 m。

突水后,若将下水平巷道淹没,水位上升至回采过的采空区,则涌水量可用下式计算:

$$Q = \frac{KSHM}{t \cos \alpha} \tag{6-18}$$

式中,K 为采空区的淹没系数,可参考表 6-3 选用;S 为求积仪在平面图上量得的淹没面积,单位 m²;H 为水位上涨的高度,单位 m;M 为空区煤层的实际采高,单位 m;α 为岩层的倾角,单位(°);t 为水位上升所用的时间,单位 min。

表 6-3　　　　　　　　　　　　煤矿采空区的淹没系数 K 经验值

淹没时间/a	硬岩层	软岩层	
	徐州矿区	徐州矿区	峰峰矿区
1	35	19	22
2	25	16	—
5	15	5	—
7	—	—	—
10	10	4	—

选用淹没系数时应注意:① 如果采空区回采时间相差较大,则淹没系数应根据采空区充水曲线的数值分别计算;② 如果采空区内为多煤层开采,则应将各煤层的采空区淹没水量相加,其和为淹没总水量;③ 如果采空区内巷道较多,则应将巷道硐室的容积累加计算,然后求出总淹没水量。

6.3.4.2　矿井突水总水量的估算

煤矿在突水抢险过程中,需及时掌握从突水开始到某一时刻的突水总水量。

(1)算术叠加法

$$V = Q_1 t_1 + Q_2 t_2 + Q_3 t_3 + \cdots + Q_n t_n \tag{6-19}$$

式中,V 为从突水开始到某一时刻止突水总体积,单位 m³;$Q_1 \sim Q_n$ 为从突水开始分段计算突水的涌水量,单位 m³/min;$t_1 \sim t_n$ 为从突水开始到某一时刻止,与上述涌水量相对应的连续时间段,$t_1 + t_2 + t_3 + t_4 + \cdots + t_n = t$,单位 min。

(2)曲线求积仪法

在直角坐标纸上,绘出涌水量变化曲线,其横坐标为时间、其纵坐标为涌水量,绘出从突水开始到某一时刻涌水量变化曲线,在曲线图上用求积仪量出坐标轴与曲线所包围的整体面积,然后用该面积乘以单位面积所代表的水量,即得出水淹没的总体积。

6.3.4.3　淹没时间的预计

矿井突水后,应定时测量水量及水位上涨速度,并及时预测某一段时间内的水位上涨速度,这对抢险排水具有重要意义。矿井突水过程中,水量常呈不稳定状态,可用较简单的直线回归统计法推算,即:

$$Q = a + bt \tag{6-20}$$

式中,Q 为涌(突)水量,单位 m³/min;t 为涌(突)水时间,单位 min;a、b 为待定系数。

在水量变化的情况下,矿井淹没水位上升时间可用下式计算:

$$t = \frac{V_1 + V_2}{Q_{平}} \tag{6-21}$$

式中,V_1 为采空区的总孔隙体积,单位 m³;V_2 为已疏干的含水屡的裂隙体积,单位 m³;$Q_{平}$ 为预测到某时刻水量与最后一次实测水量的平均值,单位 m³/min。

6.4 井下防治水技术

6.4.1 井下防水煤(岩)柱留设

6.4.1.1 矿井防水煤(岩)柱类型

煤矿在水体下、含水层下、承压含水层上或在导水断层附近进行采掘工程时,为了防止地表水或地下水突出、溃入工作地点,需要合理留设一定宽度或高度的防水煤(岩)层不采动,这部分煤(岩)层称为防隔水煤(岩)柱或防水煤(岩)柱。

(1)断层防水煤(岩)柱

矿井存在导水或含水断层,或当断层使煤层与强含水层接触或接近时,为防止断层水溃入井下而在断层两侧留设的防水煤(岩)柱。

(2)井田边界煤柱

相邻两井田以技术边界分隔时,为防止一个矿井因为突水或报废引起的矿井淹没后影响威胁相邻矿井的安全生产,在两矿井之间而留设的井田边界安全隔离煤柱。

(3)上、下水平(或相邻采区)防水煤(岩)柱

矿井在采掘工作面上、下两水平(或相邻两采区)之间留设的防水煤(岩)柱。煤矿采掘工作面上、下两水平之间的防水煤(岩)柱为暂时性的煤(岩)柱,在上、下两水平(或相邻两采区)开采末期或透水威胁消除后,煤(岩)柱中的煤仍然可以回收出来。

(4)水淹区防水煤(岩)柱

矿井为防止水淹区水溃入井下采掘工作面,在水淹采掘区(包括老窑积水区)四周及水淹采掘区上、下水平留设的煤(岩)柱。

(5)地表水体防水煤(岩)柱

矿井为防止地表水在采煤过程中或采煤后经塌陷裂缝溃入井下而留设的煤(岩)柱。

(6)中积层防水煤(岩)柱

矿井为防止煤系地层上覆冲积层中的强含水层水在采煤过程中或采煤后溃入井下而留设的煤(岩)柱(见图6-3)。

6.4.1.2 防水煤(岩)柱的留设原则

① 矿井在有突水威胁但又不宜疏放的井下采掘区施工时,必须留设防水煤(岩)柱。

② 矿井防水煤(岩)柱的设计必须在确保矿井安全生产的基础上把煤柱的宽度或高度降低到最低限度,以提高资源利用率。

③ 矿井留设的防水煤(岩)柱必须与区域、井田的地质构造、水文地质条件、煤层赋存条

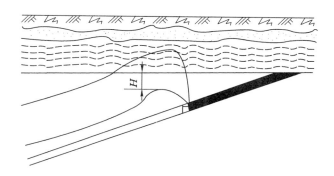

图 6-3　松散层下留设防水煤岩柱示意图

件、围岩的物理力学性质、煤层的组合结构方式等自然因素密切结合,还要与采煤方法、开采强度、支护形式等人为因素互相适应。

④ 一个井田或一个水文地质单元的防水煤(岩)柱留设应该在矿井的总体开采设计中确定,即矿井开采方式和井巷布局必须与各种防水煤(岩)柱的留设相适应,否则会给矿井在采掘过程中留设防水煤(岩)柱造成极大的困难,甚至无法留设。

⑤ 多煤层群采的矿井,矿井在各煤层之间及煤系地层上下的防水煤(岩)柱必须统一设计留设,防止某一煤层的开采破坏另一煤层的防水煤(岩)柱,导致矿井在此区域留设的整个防水煤(岩)柱失效。

⑥ 矿井在同一地点有两种或两种以上情况必须留设煤(岩)柱时,留设的防水煤(岩)柱必须满足各个留设煤(岩)柱的条件。

⑦ 矿井对留设的防水煤(岩)柱的保护要特别严格,如果留设的防水煤(岩)柱的任何一处被破坏,必将造成整个煤(岩)柱无效。

⑧ 矿井留设防水煤(岩)柱所需要的数据参数必须在本矿区井田、采区范围内获得。邻近矿区、采区的数据参数只能参考,如果需要采用,必须适当加大安全系数。

⑨ 矿井留设防水煤(岩)柱时必须充分考虑煤系地层及周围围岩的厚度、性质特征、黏土质隔水岩层的厚度、构造裂隙发育情况、岩层的含水性等,充分考虑留设防水煤(岩)柱的隔水作用。

⑩ 受水害威胁的矿井,凡属下列情况之一者,必须留设防隔水煤(岩)柱:(a)煤层露头风化带;(b)含水、导水或与河流、湖泊、溶洞、富含水层等有水力联系的导水断层、裂隙(带)、陷落柱;(c)有大量积水的老窑和采空区;(d)在地表水体、含水冲积层下和水淹区邻近地带;(e)导水、充水的陷落柱与岩溶洞穴;(f)受保护的通水钻孔;(g)分区隔离开采边界;(h)井田技术边界;(i)相邻矿井的分界处;(j)矿井以断层分界时,断层两侧。

6.4.1.3　水体下、松散含水层下开采的防水煤(岩)柱的留设方法

在分析水体下采煤的可能性及设计防水煤(岩)柱的尺寸时,必须正确计算某一特定采煤方法将要引起的覆岩破坏性影响带(冒裂带)的最大高度,同时还必须对具体条件进行全面分析。

(1)煤层开采后覆岩最大冒裂高度的计算

根据覆岩的破坏程度及透水透砂的能力,开采影响带分为:冒落带、裂缝带和整体移动

带。冒落带和裂缝带合称"冒裂带"或导水裂缝带,属破坏性影响,整体移动带属非破坏性影响。

（2）留设防水煤（岩）柱因素的分析

对第四系、第三系松散地层主要是分析研究松散层的岩性、含水性结构和分布规律,查明有无底部隔水黏土层及其厚度变化等。

对基岩情况进行分析。（a）煤层开采层覆岩的破坏高度与覆岩的岩性,和地层结构特征有密切关系。（b）煤层倾角对覆岩冒裂带的高度和形态的影响。（c）煤、岩层的构造形态和断层对煤（岩）柱隔水性的影响。（d）断层对于急倾斜煤层需要做具体的分析。通常位于煤（岩）柱中的低角度断层,如果把厚煤层错开,则有可能对沿煤层或顶板冒落起到一定的抑制作用。

对煤（岩）柱构成及其结构进行分析。从地层结构和岩性的角度,煤（岩）柱的构成可分为:（a）煤（岩）柱由基岩单一构成,即水体下或疏松层底部没有黏土质隔水层。（b）煤（岩）柱由基岩和松散层底部稳定的黏土或亚黏土层共同构成。

对开采因素进行分析。煤层开采后造成的空间是覆岩冒裂破坏的根本原因。采空区形状和大小、开采厚度、开采面积、阶段垂高及开采分层数等诸因素,均与最大冒裂带高度具有成因上的密切联系。煤层开采空间主要决定于开采厚度和开采分层数。冒裂带高度与采厚呈近似的直线关系。采面的走向长度与破坏高度也有一定关系。在厚和特厚煤层条件下,凡开采走向短的采面,通常破坏高度就大;走向长度较小时,覆岩不易于整体下沉,其开采空间主要靠向顶板法线方向的冒落和本煤层冒落来充填。

（3）留设煤（岩）柱的原则和注意问题

① 水体的水量大或含水层富水性强,补给来源充足,松散层底部无黏土层或黏土层很薄。

② 水体的水量小,含水层的富水性弱,补给来源有限,或松散层底部黏土层或砂质黏土含水层的厚度大于本煤层厚度的2～3倍。

③ 地表水体与基岩直接接触。

④ 在水体下、含水层下、承压含水层上或导水断层附近等采掘时,为防止地表水或地下水溃入工作地点,需要留设一定宽度或高度的煤（岩）柱。防隔水煤（岩）柱的留设应根据地质构造、水文地质条件、煤层赋存条件、开采时围岩性质及岩层移动特征等因素综合确定,留设前必须由防治水部门编制专门设计,按规定报批上级技术主管部门。各类防水煤柱一经批准,便不得随意变动。若因地质条件变化,确需改动的防水煤柱,必须做专题技术研究,并且研究成果须经上级技术主管部门审批。

6.4.1.4　断层防水煤（岩）柱的留设方法

为防止因断层而发生突水事故,必须在查明其地质、水文地质条件的基础上,根据断层导水、弱导水和不导水的特性,留设合理的防水煤（岩）柱。

（1）查明断层的形态、性质及其导水性

留设断层防水煤柱时,必须对每一条断层的具体区段进行具体的分析。决定断层突水危险性的根本原因:一是断层是否贯穿了强含水层或接触到水体;二是断层带本身及两侧的破碎带的导水性能。

① 断层的力学性质

挤压或压扭所造成的断层或破碎带,导水性弱;张力或张扭力所造成的断裂面或破碎带,导水性较强。

② 断层面与岩层的夹角大小和断层带两侧的岩性条件

断层面与岩层的夹角较小或接近平行,导水性较差;反之,导水性较好。断层带两侧是坚硬脆性的岩石,则导水性强一些;断层的一侧为坚硬岩层,另一侧为较软岩层,则断层带的充填情况好一些,导水性也要小一些;断层带两侧均为较软弱岩层,则断层带的充填情况好,导水性也将相应地减弱,甚至不导水。

③ 断层带固有的阻水能力和可能承受静水压力的大小

断层的"导水性"和"不导水性",都是以一定的静水压力为转移的。当断层带的固有阻水能力大于所承受的静水压力时,就表现为不导水;反之,则导水。断层的阻水能力,主要决定于断层的力学性质及断层带两侧的岩性和采矿活动可能对断层引起的破坏。主断层带本身已为破碎物质所充填而不导水或弱导水,但主断层两侧 20～50 m 内可能还存在一组次一级的羽状裂隙,它们往往可能有较强的导水性。

④ 因采矿活动引起的采动影响及矿山压力和地压对断层带的重复破坏作用

断层被采动破坏而转化为导水的可能用断层带突水系数和突水系数的极限位的比值和断层带两侧由煤层到含水层的最小层间距和应有隔水岩柱的厚度的比值来判定。

(2) 断层防水煤柱的留设方法

① 防止高压水由断层或断层彼侧的强含水层直接突破被采掘的煤层本身而进入采区的办法是紧靠断层带沿煤层这一侧留设防水煤柱。

② 当断层倾角较小,由于煤层采后矿山压力向底板传递和地下水静压的作用,高压水有可能从导水断层带或断层彼侧的强含水层沿最短距离突入采区。其防止的办法是使煤柱的宽度和采掘边界至导水断层带或强含水层的最短距离符合要求。

③ 煤层采后向上产生冒裂,波及含水断层带或断层彼侧的强含水层,高压地下水有可能通过冒裂带突入采区。其防止的办法是煤柱边界至导水断层带或断层彼侧的强含水层的铅垂距离符合要求。

6.4.2 井下探放水技术

6.4.2.1 探放水的目的、要求

矿井井下探放水是指矿井在采矿过程中用超前勘探方法,查明采掘工作面顶底板、侧帮和前方的含水构造(包括陷落柱)、含水层、积水老窑等水体的具体位置、产状等。为消除水害隐患,要求在采掘过程中采用探放水方法,探明工作面前方的水情。在有水的情况下,根据水量大小有控制地将水放出,而后再进行采掘工作,以保证安全生产。

6.4.2.2 探放水的原则

探放水工程的布置是以保证矿井安全生产为目的。矿井井下采掘活动必须执行"有疑必探,先探后掘采"的原则。在施工过程中遇到下列情况之一,矿井必须井下探放水。

(1) 采掘活动接近水淹的井巷、老空、老窑或小窑时。

(2) 采掘活动接近或穿过含水层、导水断层、含水裂隙密集带、溶洞和陷落柱时。

(3) 矿井打开隔离煤柱放水前。

(4) 采掘活动接近可能与河流、湖泊、水库、蓄水池、水井等相通或有水力联系的断层破

碎带或裂隙发育带时。

（5）采掘活动接近可能涌（突）水的钻孔时。

（6）采掘活动接近有水或稀泥的灌浆区时。

（7）采掘活动影响范围内有承压含水层、含水构造，或煤层与含水层间的隔水岩柱厚度不清，采掘活动可能导致突水时。

（8）采掘活动接近矿井水文地质条件复杂的地段，采掘工作过程中有涌（突）水预兆，或矿井水文地质条件情况不明时。

（9）采掘活动接近其他可能涌（突）水地段时。

6.4.2.3　探放水技术措施

（1）探水线设计

煤矿井下存在各种积水区时，必须在采掘工程平面图上标出积水范围、外缘标高和积水量，同时标出探水线位置，并符合以下规定。

① 探水线应根据积水区的位置、范围、水文地质条件及其资料的可靠程度，以及采空区、巷道受矿山压力的破坏情况等因素规定。

② 对本矿开采所造成的老空、老巷、水窝等积水区，其边界位置准确，水压不超过1 MPa。探水线至积水区的最小距离：在煤层中不得少于 30 m，在岩层中不得少于 20 m。

③ 对本矿井的积水区，虽有图纸资料，但不能确定积水边界时，探水线至推断的积水边界的最小距离不得少于 60 m。

④ 对有图纸资料可查的老窑，探水线至老窑边界的最小距离不得少于 60 m。对没有图纸资料可查的老窑，可根据本矿井已了解到的小窑开采最低水平，作为预测的可疑区，必要时可先进行物探控制可疑区，再由可疑区向外推 100 m 作为探水线。

⑤ 对已知的断层、陷落柱的探水线，由断层、陷落柱所留设的防水煤柱线至少向外推20 m 作为探水线。

⑥ 对石门揭露含水层的探水线，探水线至含水层的水平最小距离不得小于 20 m，垂直距离应根据水压和隔水层的岩性等资料综合分析确定其最小距离。

（2）探放水范围

采掘工作面遇有下列情况之一，必须进行探放水：① 接近水淹或可能积水的井巷或相邻煤矿时；② 接近含水层、导水断层、溶洞和导水陷落柱时；③ 接近水文地质条件复杂的区域，有突水预兆时；④ 采动影响范围内有承压含水层或含水构造，或煤层与含水层间的隔水岩柱厚度不清，可能突水时；⑤ 打开隔离煤柱放水时；⑥ 接近可能与河流、湖泊、水库、蓄水池、水井等连通的断裂构造带时；⑦ 接近有出水可能的钻孔时；⑧ 接近有水的灌浆区时；⑨ 接近其他可能出水地区时。

（3）探放水设计编制内容

探放水设计编制内容：① 探放水地区的水文地质条件。② 探放水巷道的开拓方向、施工次序、规格和支护形式。③ 探放水钻孔组数、个数、方向、角度、深度和施工技术要求及采用的超前距与帮距。④ 探放水施工与掘进工作的安全规定。⑤ 受水威胁地区信号联系和避灾路线的确定。⑥ 通风措施和瓦斯检查制度。⑦ 防排水设施（如水闸门、水闸墙等）的设计以及水仓、水泵、管路和水沟等排水系统及能力的具体安排等。⑧ 水情及避灾联系汇报制度和灾害处理措施。

附老空位置及积水区与现采区的关系图,探放水孔布置的平面图、剖面图,探放水钻孔结构图,避灾路线图。

（4）探放水施工准备

安装钻机探水前,必须遵守下列规定:① 加强钻场附近的巷道支护,并在工作面迎头打好坚固的立柱和挡板。② 清理巷道,挖好排水沟。探水钻孔位于巷道低洼处时,必须配备与探放水量相适应的排水设施。③ 在打钻地点或附近安设专用电话。④ 测量和防探水人员必须亲临现场,依据设计,确定探水孔的位置、方位、角度、深度以及钻孔数目。

探放水注意事项:① 探水钻孔超前距和止水套管长度应符合表 6-4 所示的要求。探放小窑老空积水和本矿老空积水的超前距 10～20 m,其他可根据水压情况规定超前距。② 预计水压大于 0.1 MPa 的地区,探水钻进前,必须先安好孔口管和控制闸阀,进行耐压试验,达到设计承受的水压后,方准继续钻进。特别危险的地区,应有躲避场所,并规定避灾路线。③ 施工水压大于 1.5 MPa 的钻孔时,必须设置防喷和反压装置,并有防止孔口管和煤岩壁突然鼓出的措施。④ 钻进时,发现煤岩松软、片帮、来压或钻孔中的水压、水量突然增大,以及有顶钻等异状时,必须停止钻进,但不得拔出钻杆,现场负责人应立即向矿调度室报告,并派人监测水情。如果发现情况危急时,必须立即撤出所有受水威胁地区的人员,然后采取措施,进行处理。⑤ 煤层内原则上不得探高压水断层、含水层及陷落柱水。若确实需要,则可先建防水闸墙并在防水闸墙后向内探水,或按探高压水措施进行。

表 6-4	探水钻孔超前距和止水套管长度	
水压/MPa	钻孔超前距/m	止水套管长度/m
＜1.0	水平 10;垂直 8	5
1.0～2.0	水平 15;垂直 12	10
2.0～3.0	水平 20;垂直 15	15
＞3.0	水平＞20;垂直＞15	＞15

6.4.2.4 矿井井下探放老空水

（1）矿井探放水工程设计内容

① 设计探放水巷道推进的工作面和周围的水文地质条件。

② 设计探放水巷道的开拓方向、施工次序、规格和支护形式。

③ 设计探放水钻孔组数、个数、方向、角度、深度和施工技术要求及采用的超前距与帮距。

④ 设计探放水施工与采掘工作的安全规定及安全技术措施。

⑤ 设计受老空水等威胁地区信号联系和避灾路线。

⑥ 矿井探放水工程设计施工现场的通风措施和瓦斯检查制度。

⑦ 矿井探放水工程必须设计防排水设施（如水闸门、水闸墙等）及水仓、水泵、管路和水沟等排水系统及能力的设计。

⑧ 矿井探放水工程必须设计施工面水情、避灾联系汇报制度和灾害处理措施。

⑨ 矿井探放水工程设计必须有老空水体位置,老空积水区与现采掘工作面的关系图,探放水钻孔布置的平面图、剖面图及钻孔施工位置图等。

（2）矿井探放老空水的原则

矿井探放老空水除了要遵循上述的探放水原则外,还应遵循下述探放老空水的具体原则。

① 积极探放的原则。

当矿井井下采空区不在地面或井下重要建筑物下面,老空水与地表水体及煤系地层含水层没有水力联系,排放采空区积水体不会过分加重矿井排水负担,积水体之下积压有大量的煤炭资源急待开采时,这部分采空区积水应千方百计地放出来,以彻底解除水患。

② 先隔离后探放的原则。

矿井井下采空区水与地表水有密切水力联系,在雨季接受大量雨水和地表水补充;采空区的积水量较大,水质不好(酸性大)。为避免矿井增加长期排水费用,矿井对这种老空积水区应先设法隔断老空积水补给源或减少采空区补给水量,然后再进行探放水。如果矿井隔断采空区补给水源有困难而无法进行有效的探放水,生产矿井必须留设防水煤(岩)柱与生产区隔开,等矿井生产后期条件成熟再进行水体下采煤。

③ 先降压后探放的原则。

矿井对水量大、水压高的积水区,应先从煤层顶、底板岩层打穿层放水孔,把水压降下来,然后再沿煤层打探水钻孔。

④ 先堵后探放的原则。

当矿井采空区为强含水层水或与其他大水源有水力联系的水体所淹没,采空区出水点有很大的补给量时,一般应先封堵出水点,而后再探放水。

(3)矿井探放老空水的安全措施

① 探放老空水前,首先要分析查明老空水体的空间位置、积水量和水压。老空积水高于探放水点位置时,只准用钻机探放水。

② 探放水时,必须撤出探放水点以下受水威胁区域内的所有人员。放水孔必须打中老空水体,并监视放水全过程,核对放水量,直到老空水放完为止。

③ 钻孔接近老空,预计可能有瓦斯或其他有害气体涌出时,必须有瓦斯检查工或矿山救护队员在现场值班,检查空气成分。如果瓦斯或其他有害气体浓度超过规定时,必须立即停止钻进,切断电源,撤出人员,并报告矿调度室,及时处理。

④ 钻孔放水前,必须估计放水量,根据矿井排水能力和水仓容量,控制放水量。

⑤ 放水时,必须设专人监测钻孔出水情况,测定水量、水压,做好记录。若水量突然变化,必须及时处理,并立即报告调度室。

⑥ 准备好水沟、水仓及排水管路;检查排水泵及电动机,使之正常运转,达到设计的最大排水能力。

⑦ 在探水地点应备用一定数量的坑木、麻袋、木塞、木板、黄泥、棉线、锯、斧等,以便在探放水过程中意外出水或钻孔水压突然增大时及时处理。

⑧ 矿井井下探放水施工巷道现场发现有松动或破损的支架要及时修整或更换,并仔细检查帮顶是否完好。矿井井下探放水施工现场的煤壁有松软或膨胀等现象时,要及时处理,闭紧填实,必要时可打上木垛,防止水流冲垮煤壁,造成事故。

⑨ 矿井井下探放水施工现场及后路的巷道水沟中的浮煤、碎石等杂物,应随时清理干净。若水沟被冒顶或片帮堵塞时,则应立即修复。

⑩ 矿井井下探放水施工过程中,设计的避灾路线内不许有煤炭、木料、煤车等阻塞,要

时刻保证畅通无阻。

6.4.2.5　探放断层水

（1）探放断层水的原则

矿井在采掘过程中,遇下列情况必须进行探放断层水:① 采掘工作面的前方或附近有含(导)水断层存在,但具体位置不清或控制不够严密时。② 采掘工作面的前方或附近预测有断层存在,但其位置和含(导)水性不清,矿井在采掘过程中断层可能使施工面突水时。③ 采掘工作面底板隔水层厚度与实际承受的含水层水压都处于临界状态(即等于安全隔水层厚度和安全水压的临界值),在掘进工作面前方和采煤工作面影响范围内的断层等构造存在与分布情况不清,矿井在施工过程中很可能发生矿井突水时。④ 煤系地层中的断层已被矿井井下施工巷道揭露或穿过,层暂时没有出水迹象,但由于隔水层厚度和实际水压已接近临界状态,在采动影响下,有可能引起突水,需要探明其深部是否和强含水层连通,或有底板水的导升高度时。⑤ 井巷工程接近或计划穿过的断层,断层浅部不含(导)水,但在深部有可能突水时。⑥ 根据煤矿巷工程和留设断层防水煤柱等的特殊要求,必须探明断层时。⑦ 采掘工作面距探明含水断层 60 m 时。⑧ 采掘工作面接近推断含水断层 100 m 时。⑨ 采煤工作面内小断层使煤层与强含水层的距离缩短时。⑩ 采区内构造不明,煤系断层含水层水压又大于 2～3 MPa 时,矿井必须探放区域内的导水断层,降低含水层水压。

（2）断层水探查的主要内容

① 需要探放水断层的位置、产状要素、断层带宽度(包括内、中和外三带)及伴(或派)生构造、断层及伴生断层的导水性、富水性等。

② 需要探放水断层带的充填物、充填程度、胶结物及胶结程度,断层两盘次生的裂隙及裂隙带、断层带内外岩溶发育情况及其富水性。

③ 需要探放水断层两盘对接煤系地层层位的岩性及其富水性,煤层与强含水层的实际间距、有效隔水层的厚度。

④ 矿井采掘工作面需要探放水的断层与其他已知断层、陷落柱、含水层、积水体等的交切部位、水力联系、补给关系,这些构造、水体的富水性。

⑤ 矿井采掘工作面需要探放水断层如为迭瓦式断层,应确定其综合断距。

⑥ 矿井探放水过程中必须查明并记录探断层水钻孔在不同深度的水压、水量或冲洗液漏失量,并确定、判断煤层底板水在隔水层中的导升高度。

矿井为探明探放水断层以上内容,必须具有断层面等高线图、断层两盘主要煤层与含水层对接关系图、探测断层预想剖面图。

6.4.2.6　探放陷落柱水

在探放陷落柱水钻孔的布置及施工中,应注意以下一些问题:① 水压大于 2～3 MPa 的陷落柱原则上不沿煤层布置探放水钻孔,钻孔而应布置在煤系地层底板稳定的岩层中。若在煤层中布置钻孔,沿煤层埋设的孔口安全止水套管,容易被陷落柱中的高压水突破,造成突水灾害。② 探放陷落柱水钻孔的孔口安全装置、施工安全注意事项与探放高压断层水要求相同。③ 探放陷落柱水的钻孔要提高岩心采取率,及时进行岩心鉴定,做好断层破碎带与陷落柱的分辨工作,编制好水文地质图表。④ 矿井在探放陷落柱水过程中,必须严格执行钻孔验收和允许工作面施工的安全掘进距离的审批制度。⑤ 矿井在探放陷落柱水过程中,必须监测并记录钻孔内水压、水量和水质的变化,发现异常应加密或加深探放水钻孔,争取直接探到陷落柱。⑥ 矿井在探放陷落柱水过程中,探到的陷落柱无水或水量很小时,要用泵进行略大于区域静水压力的压水试验,检验陷落柱的导水性;同时,要向陷落柱的深部布置钻孔,了解陷落柱深部的含(导)水性和煤系地层底板强含水层水的导升高度。⑦ 探放陷落柱水的钻孔探测后必须注浆封闭,并做好封孔记录,注浆结束压力应大于区域静水压力的 1.5 倍。

6.4.2.7 探放钻孔水

(1)探放不良钻孔的类型

矿区在勘探阶段施工的各类钻孔,许多钻孔贯穿了若干含水层,有的钻孔还穿透多层老空积水区和含水断层等。若矿井钻孔封孔不好或钻孔施工过程中的含水层止水效果不好,沟通了本来没有水力联系的含水层或水体,使煤层开采的充水条件复杂化。因此,矿井在勘探过程中必须采取有效的措施防止产生封孔不良的导水钻孔,必须排查封闭已存在或有怀疑的不良钻孔。

(2)预防不良钻孔的方法

① 矿井施工的各类勘探孔达到勘探目的后,应立即按标准全孔封闭,包括第四系潜水含水层和煤系地层中的各含水层。

② 矿井在封孔过程中,为了防止水泥浆与砂分离或黏土被稀释流失,钻孔封孔不能用水泥砂浆或黏土,要用高标号纯水泥。

③ 钻孔封孔过程中,在严重漏水段,防止水泥浆在初凝前漏失,应先下木塞止水,然后注浆。

④ 矿井钻孔封孔时,要先进行封孔设计,实行分段封孔并分段提取固结的水泥浆样品,实际检查封孔的深度和质量,由下而上,边检查边封闭,做好记录,最后提交封孔报告书。

⑤ 需要长期保留的观测孔、供水孔或其他专门工程孔,必须下好止水隔离套管。套管和孔壁之间的环状间隙要用优质水泥注浆固结。

⑥ 已下套管的各类钻孔,不用之前,也应按上面①、②、③条的要求进行封孔。

⑦ 矿井所有钻孔的孔口均应埋设标志,并要进行钻孔测斜资料存档,便于确定不同深度的偏斜位置;矿井在生产过程中,一旦安全生产需要时,利于对有问题的钻孔采取措施。

(3)探放钻孔水的步骤

① 绘制钻孔分布图。

矿井必须绘制钻孔分布图,将井田范围内的所有各类钻孔都准确地标定在矿井水文地质图上,尽量将收集到的柱状图、封孔止水资料、孔口标高和坐标、测斜数据及其他有关资料建立数据库,并标于图上。没有坐标、标高的钻孔,应从旧图纸或对照现场地形地物确定位置,反求出坐标,标于钻孔图上。

② 建立钻孔止水质量调查登记表及数据库。

矿井必须建立钻孔止水质量调查登记表及数据库,分析确定有封孔质量怀疑的导水钻孔,并将钻孔标到矿井的采掘工程平面图、储量图上,圈定矿井采掘工作面警戒线和探水线,确保矿井生产安全。

6.4.2.8 探放含水层水

(1)探放含水层水方法

在矿井生产实践中,一定区域煤层的顶底板砂岩水、岩溶水通过钻孔资料已经推断矿井开采在一般情况下对采掘工作面没有任何影响,但由于煤系地层基岩裂隙水的埋藏、分布和水动力条件等所具有明显的不均匀性,导致水力联系强的裂隙给煤矿的安全生产带来不同程度的水害。为确保矿井安全生产,必须探清含水层的水量、水压和水源等,才能予以治理。

防治煤层顶、底板充水含水层的各种水害,既要从整体上查明水文地质条件,采取疏干降压或截源堵水等防治措施,又要重视井下采区的探查。井下探查往往是疏干降压或截源、堵水等防治水措施合理制定的先行步骤和重要依据。若无水或补给量很小,通过探查孔放水即能达到降压或疏干的目的;若补给水源丰富,水量大,需要通过井下"大流量、深降深"的放水试验和物、化探方法的配合,查明条件后才能采取相应的防治方法。因此,井下探放含水层水是矿井防治水的基本工作内容之一。

(2) 冲积含水层探防水

① 当含可采煤层的煤系岩层露头被冲积层,特别是被厚冲积层覆盖时,对第一开采水平以上受采动影响范围内的冲积层的层次、层厚,含水层和隔水层的岩性特征、水位、水量、水质的情况,都要基本清楚,否则应进行补充勘探加以查明。

② 在冲积层底部无富含水层的情况下,可按留设风化带防隔水煤柱的方法留设煤(岩)柱,在冲积层底部有富含水层的情况时,必须按水体下采煤有关要求解决。

③ 在生产工程中,当发现煤系露头风化带深度或上覆冲积层厚度变化较大,需要提高或降低开采上限,缩小或扩大风化带防隔水煤柱时,都要按规定报批。

(3) 煤层底板含水层探防水

① 当煤层底板以下赋存高水压岩溶或裂隙含水层时,必须预防底板突水或岩溶泥石流涌出;采掘前必须具备勘探或补充勘探资料,水文地质条件要基本清楚。

② 全面整理已有勘探生产资料,分析研究含水层的含水性特征和已采掘区的突水规律,并在采掘地质说明书中,对可能发生的水害及其预防措施提出建议。

③ 编制隔水层或相对隔水层等厚线图,预测有突水可能的危险区,预计最大涌水量,并建议相应扩大排水能力。

④ 底板隔水层厚度达不到安全开采要求时,原则上必须进行疏水降压开采,有条件时,也可采取在加强排水能力前提下的分区隔离开采;在可能有岩溶泥石流突出的地段采掘时,应加强前兆观测和探放,如有异常,应及时采取有效措施。

6.4.2.9　矿井井下施工面探放水

(1) 采掘工作面探防水

① 煤层顶板导水裂隙带范围内分布有含水层时,必须探防煤层顶板水。

② 采前探放水设计,先期探放水孔,一般从开切眼起,可按 30 m、50 m、100 m 的间距布置。往后可视具体情况而定。孔位应尽可能结合地质构造布设在疏水效果好的部位。

③ 预计涌水量。当涌水量较大可能影响正常生产时,应布设底板专门排水巷。

(2) 掘进、开拓下山探防水

① 下山开拓前必须充分调查、分析研究下山所在地段的地质构造和含水层的富水性;绘制开拓下山地段的预想水文地质剖面图。

② 下山顶底板存在高压富含水层或充水构造带时,应在开拓之前沿下山轴线一侧,进行专门的水文地质勘探工作,查清含水层或充水构造的富水性及下山可能承受的水压,并保留一定数量的勘探孔,进行动态观测。

③ 预计下山的最大涌水量。

④ 在揭穿下山前方富含水层或强充水构造带时,应采取安全技术措施的建议,如疏放降压、预注浆等。

（3）走向长壁工作面探防水

采煤工作面顶板导水裂隙带范围内分布有含水层时,应做到以下各点:采前要查明充水因素,提出防探顶板水的措施意见,并预计涌水量。应特别注重提前做好下列地段或部位的探放水工作:① 新井、新水平、新区的首采工作面;② 充水断层或向斜、背斜的扭曲部位;③ 地表水、老塘水、老硐水、老窑水对回采有可能充水的地段。

6.4.3 疏水降压技术

6.4.3.1 疏水降压的意义、目的、任务

疏水降压是指煤层顶底板含水层或煤系地层含水层,通过疏干使煤层底板含水层水压降低至采煤安全水压。疏水降压能调节流入矿坑的正常涌水量和充水含水层水压（位）的动态特征,防止矿井因为含水层高水压而诱发矿井突水,与矿井一般的排水在概念上是有区别的。疏干降压与矿井排水的区别主要表现在:前者是借助于专门的工程（如疏水巷道、抽水钻孔和吸水钻孔等）及相应的排水设备,积极有计划有步骤地疏干或局部疏干影响采掘安全的充水含水层;而后者只是消极被动地通过排水设备,将流入水仓的水直接排至地表。

煤矿井疏水降压的目的是预防地下水突然涌入矿坑,避免突水灾害事故,改善工人劳动条件,提高工人劳动生产效率,消除地下水高水压造成的破坏作用等,是煤矿防治水的一项主要措施。对于一些大水煤矿区,为了减少矿井涌水量,降低吨煤开采成本,提高经济效益,应采取注浆截流、浅排和排、供、生态环保三位一体结合等其他措施,与疏水降压方法统筹考虑,进行综合防治。

6.4.3.2 地质和水文地质工作的保障

（1）查明承压含水层的水文地质边界条件

对边界断层、露头带,各岩层与冲积层的接触带等都要进行水文地质分析,查明是否属于隔水边界、导水边界、弱导水或半导水边界,明确圈出疏降区的范围和确定疏干区的边界封闭类型。

（2）查明疏降范围内的地质构造

受水文地质条件影响的断层,必须逐个进行分析并计算断层两侧岩柱厚度与应有安全厚度的比值,查明断层具有突水的危险性;要通过对各含水层的动态观测,各含水层间接触关系和地质构造因素等的综合分析,查明要疏含水层的主要补给水源和补给途径。

（3）根据资料编制各种专用图件

编制井田（区）的水压等值线图;井田（区）隔水岩柱厚度等值线图;井田（区）隔水岩柱厚度与应有安全厚度的比值等值线图;井田分层煤层开采的突水系数等值线图;各承压含水层水文地质边界条件分析图。

（4）确定合理的疏水降压位和安全水压

① 从隔水岩柱厚度比值等值线图和突水系数等值钱图上圈出危险区;② 从岩柱厚度等值线图上查得该危险区的最小隔水岩柱厚度,求安全水压值;③ 从水压等值线图上找到该危险区的常年平均最高水压值,求出它与安全水柱压力的差值,即为设计的疏水降压值;

④ 根据疏降水设计安全水位,重新绘制隔水岩柱厚度比值等值线图和突水系数等值线图,进一步分析检查是否还有危险区存在。

6.4.3.3　疏水降压的前提条件

矿井在进行疏干或降压工程之前,必须具有与煤田地质勘探阶段相适应的水文地质勘查精度,即对区域水文地质条件(背景)有一定程度的研究或掌握;对矿区(井)所处水文地质单元位置明确;对矿区(井)主要充水岩层(体)的富水性,地下水的补给、径流、排泄条件,水文地质边界等基本查明。矿井还必须有针对性地进行水文地质补充勘探,并分别满足以下前提条件的要求。

(1) 松散层含水层(体)充水的矿井的前提条件

① 整体上对含水层的成因类型、分布、岩性、厚度、结构、粒度、磨圆度、分选性、胶结程度、富水性、渗透性及其变化等基本清楚;对流砂层的空间分布和特征,含(隔)水层的组合关系,各含水层之间、含水层与弱透水层及地表水之间的水力联系等已基本查明。

② 有 1 个或若干个基准孔全取岩芯并进行详细分层。对黏土类做出塑性指数分析,对沙土类做出颗粒级配分析,并验证了测井解释与岩性描述定名的可靠性与含、隔水性;测定过砂层颗粒成分、粒度、湿度、视密度(曾称容重)、密度、孔隙度、渗透系数、内摩擦角、砂层与黏土过渡层的颗粒不均匀系数。

③ 对疏干含水层做过专门的大口径多孔抽水试验,并已求得各水文地质参数。

④ 建立起了矿井水文地质模型和数学模型;预测计算出了最低开拓水平的矿井正常涌水量和最大涌水量;计算出了生产水平疏干范围内地下水储存量;做过了单孔(井)的抽(放)水量和影响半径的疏干试验。

⑤ 对疏干条件或流砂层的可疏干性以及技术经济合理性等均已有评价。

⑥ 对疏排的矿井水的利用,对疏排水可能产生的地面沉降或塌陷均有分析与建议。

(2) 裂隙含水层(体)充水的矿井的前提条件

① 整体上要以分析研究裂隙含水岩层(体)的地下水系统形成条件为中心,基本查明裂隙含水岩层(体)的裂隙性质、规模、发育程度、分布规律、充填情况及其富水性;岩石风化带的深度和风化程度;含水层与相对隔水层的组合特征;富水含水层的构造破碎带的性质、形态、规模及周边界,上、下边界的性质和形状,以及各含水层之间、含水层与地表水之间的水力联系等方面。

② 根据矿井生产计划,对采掘范围内富含水的砂岩裂隙充水岩体(层、带)的分布范围、形状大小、埋藏深浅,提前做出分析预测,并将需要探放水、疏干的采掘工作面标定在采掘工程图上。

③ 估算出采区疏干最大涌水量和单孔放水量。

(3) 喀斯特强含水岩层(体)充水的矿井的前提条件

喀斯特含水岩层(体)与开采煤层的空间关系而言,一种是受开采直接破坏或影响的含煤岩系中的薄层灰岩喀斯特水,必须在疏干条件下才能开采;另一种是疏水降压(含堵、截相结合)预防开采区域煤层底板(部)下,厚层奥陶系灰岩或茅口灰岩突大水,危及矿井安全。所以,在进行疏干或降压工程之前,必须开展专门水文地质补充勘探,并分析研究和查明下列问题。

① 建立或完善矿井(区)井上下水文长期观测系统(观测网),掌握地下水的动态变化规

律和流场情况。

② 采用大口径多孔抽水或井下放水的相似于疏干降压的抽、放水试验,进一步查明疏干或降压目的层的富水性在水平方向和垂直方向上的变化,弄清灰岩含水层是属于溶蚀裂隙型的扩散慢速流介质,还是属于存在溶洞、喀斯特陷落柱、喀斯特暗河型的管道集中流介质,或两者兼有的"双重"介质,并应能大体上判断出管道集中流或喀斯特富水带的展布状况。

③ 基本掌握矿井(区)喀斯特发育分布规律和喀斯特含水系统的发育状况,补给水源明确,水力交替运动条件、水力连通关系、水文地质边界条件清楚。

④ 利用抽(放)水试验,示踪试验和水文物探、化探综合成果,分别计算出矿井正常涌水量、最大涌水量;疏干水平或疏干采掘工作面的单项疏干放(排)水量;预测疏干漏斗扩展趋势和形成疏干区所需的时间。

⑤ 经过对底板安全隔水厚度和突水系数的计算和分析,对可能发生底板突水的部位提出预测和分区,并估算出提前疏水降压的控放水量和降压期的时间,预测通过降压打破承压封闭含水系统的"压力放大效应",避免底板发生重大突水事故的效果。

⑥ 对矿井(区)疏干降压后可能引发的环境水文地质问题和地质灾害,如区域地下水位大幅度下降、地表下沉、喀斯特塌陷、井泉和地表水体干涸、水质恶化等,都要进行分析预测和提出相应措施。对矿井水的利用,疏供结合或还水问题,都有明确的观点和技术方案。

⑦ 对矿井(区)疏干降压技术方法、工程的可行性、安全可靠性、经济合理性,都进行过论证和肯定。

6.4.3.4 疏水降压的采区设计及存在问题

(1) 对采煤方法的要求与带压开采相同,但必须在采掘中严格保护隔水边界不受破坏。对疏水降压范围内岩柱厚度比值小于经验值的断层,必须按规定留设断层防水煤柱。

(2) 为了尽量减少无效排水量,对于有些已经查明的水源补给通道,应根据具体条件采用注浆截流或封堵;对于不完全和不可靠的隔水边界或弱隔水边界,也应查明其具体条件并加以处理。

(3) 某些隔水边界只具有相对的稳定性,当其两侧的压差加大时(或由于采动的影响),突水的可能性依然存在。为此,矿井除了应有一定的备用排水能力外,还必须建立防水闸门和警报系统,确定避灾路线等,以保证矿井安全。

(4) 水位疏降后,可能会导致泉井干涸、地表局部塌陷和影响农田灌溉等一系列问题,对此应事先有所考虑。

(5) 为了确切掌握疏水降压漏斗的形状和水量、水压之间的变化关系,了解疏降区边界内外的水压差值,进一步查明某些含水层对被疏放含水层的补给情况,必须建立一个跨越疏降区内外的各有关含水层的水位动态观测网。

6.4.3.5 疏水降压程序

矿井疏水降压过程可分为疏干勘探、试验疏干和经常疏干3个逐渐过渡程序,应与矿井的开发工作密切配合。

(1) 疏干勘探

疏干勘探是以疏干为目的的补充水文地质勘探。① 进一步查明矿区疏干所需要的水文地质资料主要包括:地下水的补给条件及运动规律;水文地质边界条件,包括对补给边界及隔水边界的评价;地下水的涌水量预测,包括单一充水含水层或充水含水组的天然补给量、存储量及其长年季节性的变化;疏干含水层与地表水体或其他充水含水层之间的水力联系及可能的变化;含水层的导水系数(单宽全厚含水层在单位水力梯度下渗透速度的量度)及储水率(随单位水头变化,从岩石单位体积内释放或增加贮存在充水含水层孔隙或裂隙中水的总量);疏干工程的出水能力、疏干水量、残余水头及疏干时间等。② 确定疏干的可能性,提出疏干方案疏干方案的制订一般应遵循下列原则:应与煤矿山建井、开采阶段相适应;疏干能力要超过充水含水层的天然补给量;疏干工程应靠近防护地段,并尽可能从充水含水层底板地形低洼处开始;疏干钻孔数应采用多种方案进行试算,孔间干扰要求达到最大值,水位降低能满足安全采掘要求;疏干工作不能停顿,应根据生产需要有步骤地进行;水平充水含水层应采用环状疏干系统,倾斜充水含水层采用线状疏干系统。

疏干勘探往往要依靠抽水试验、放水试验、水化学试验、水文物探试验及室内试验来完成,在有条件的矿区,应采用放水试验方法。

(2)试验性疏干

试验性疏干方案的正确制订表现在矿井开采初期能降低水位,并能经过 6～12 个月、特别是雨季的考验。要尽可能利用疏干勘探工程,并补充疏干给水装置。通过试验,了解确定干扰效果及残余水头等情况,在此基础上,进行疏干勘探工程的适当调整。

(3)经常性疏干

经常性疏干是生产矿井日常性的疏干工作。随着开采范围的扩大和水平延伸,疏干工作要不断地进行调整、补充,甚至根据新获取的信息,重新制订疏干方案,以满足矿井生产的要求。经常性疏干需要进行的水文地质工作主要包括:

① 定期进行疏干孔的水量观测和观测孔的水位观测。国外和我国部分矿区已采用自动记录和应用计算机技术自动处理长观孔在线观测资料,并应用计算机自动控制地下水降落漏斗。在没有这种技术条件的矿区,在平水期,要求疏干孔每 3 日观测水量 1 次,主要观测孔每 3 日观测水位 1 次,外围观测孔每月观测 2～3 次;在丰水期,要求疏干孔每日观测水量 1 次,主要观测孔每日观测水位 1 次,外围观测孔每 5 日观测 1 次。

② 编制疏干水量、水位动态变化曲线图和疏干降落漏斗平面图。动态曲线应逐日连续绘制,降落漏斗图可每月绘制 1 幅。

③ 定期进行水质分析,除常规水质化验外,对地下水中特殊元素(如溴、碘、氡等)定期测定,掌握其水质动态,及时分析可能出现的新的补给水源。

④ 围绕不同的开采阶段,修改、补充疏干方案和施工设计,保证疏干工作的顺利进行。

6.4.3.6　矿井疏水降压的专门水文地质说明书与工程设计

(1)疏水降压开采专门水文地质说明书的基本要求

开采受承压含水层影响或威胁的煤层时的地质说明书的内容包括:① 采区所在地表位置、井下位置、上下限标高;煤层赋存条件,走向、倾向、倾角、厚度、周围开采情况和采区储量;采区顶底有关煤层、含水层的情况,富水或采后积水情况;勘探钻孔的分布及其封闭质量。② 区域地形、地貌;地层、区域地质发展简史及其特征;地质构造、区域构造形态及断层节理组的分布;火层岩侵入情况,岩墙、岩柱、岩床的产状和分布。③ 气象、水文要素(主要是降水量、河流及其他地表水体的分布状况);含水层(组)的划分及各层组的富水特征;区域地下水的补给、径流、排泄条件,地下水的天然及人工露头及其流量、水位以及水质动态特征。④ 区域地质剖面图；影响或威胁生产的承压含水层的厚度、水位、富水性、边界条件及其补给水源和水量的分析，并编制水压等值线图；承压含水层与开采煤层之间隔水岩柱的厚度、岩性、岩组结构的变化，并编制隔水岩柱厚度等值线图；采区有关构造分布、断距、煤层与含水层对接情况分析，并编制含水层水文地质边界条件分析图；承压含水层突水可能性的分析，编制实际隔水层厚度和安全隔水岩柱厚度比值等值线图和突水系数等值线图；一般情况下涌水量和最大可能突水量的预测。⑤ 带压开采时的有关建议；允许安全水头与疏降工作的建议；今后地质及水文地质工作的建议。

（2）疏水降压开采工程设计的主要内容

① 疏水降压开采的条件分析和依据：含水层厚度变化和富水特征的分析；隔水层厚度变化和抗张（弯）强度的分析；易于突水的断层、封孔不良带位置或范围等薄弱地段的分析。

② 井上下检查观测系统：隔水层厚度检查孔的布置密度；地面或井下针对主要承压含水层水位（压）网观测孔位置、个数及钻孔结构；对层间弱含水导水层放水孔的布置（主要起报警作用），可与隔水层厚度检查孔结合考虑，探明情况后，封闭下段钻孔；采区边界或采区内断距大于 5 m 的断层应布置断层检查孔，确切探明走向、倾角、落差，保留必要的防水煤柱或注浆加固。

③ 预防性的安全工程：设置（或预留）水闸门（墙）；发生突水时流水巷道的安排；相应地增强供电、排水能力；避灾路线；掘进时为防止意外遇断层破碎带导通高压水的超前探水工程的安排。

④ 采矿方面的相应工程：工作面推进与主要断层节理组最佳交角的安排；减轻矿山压力的顶板管理方式方法的选择；工作面长度和推进速度的适当安排；其他安全措施。

（3）疏水降压工程的主要内容

① 水文地质条件综述。

概括专门水文地质说明书的主要资料和分析意见；采区（疏降区）的水文地质边界条件的具体分析；采区有关断裂构造及其他薄弱地带的具体分析。

② 疏水降压工程设计。

允许安全水头值和疏降水头值的计算。勘探性的抽（放）水的试验。疏降动、静储量和影响半径的计算预测。疏降工程的选择：地表大口径钻孔、地表井筒、疏水巷道、井下钻孔（间隔单孔或密集分组）；一次疏降或分阶段疏降等。观测系统的选择。供电、排水、流水系统的选择。要掌握不影响生产、不排循环水，有利于分流至几个排水泵房，有利于地下水的利用等原则。单项工程的设计，如巷道硐室布置及规格、钻孔孔径结构和深度、放水孔安全控水测压装置、连通试验等。

③ 疏水降压工程的施工组织。

施工顺序和工程量、工程进度的安排；观测工作的组织；资料收集汇编工作的确定，汇编应有明确要求；施工中的安全注意事项。

④ 资料分析和效果评价。

确定进一步疏降或其他治水项目是否需要进行；重新做水文地质计算，确定有关水文地质参数计算做对比，总结经验。

6.4.3.7　疏水降压方式及工程类型

疏干工程按其进行阶段（或时间）可分为预先疏干和并行疏干。预先疏干是在井巷开拓之前进行,而并行疏干是在井巷开拓过程中进行,一直到矿井采掘完毕。

（1）疏干方式

疏干方式包括 3 种。地表式是从地表进行疏干;地下式是在地下进行疏干;联合式是同时采用上述两种方式或多井同时疏干。

① 地表疏干。

地表疏干主要用在预先疏干阶段,是在地表钻孔中用潜水泵预先疏降充水含水层的水位或水压的疏干方式,常用于煤层赋存较浅的露天矿。随着高扬程、大流量潜水电泵的出现,井工矿亦可采用这种方式。地表潜水泵预先疏干与井下并行疏干方式相比较,具有建设速度快、投资和经营费用低、安全可靠等优点,且水质未受煤层污染,对工业及民用供水有利。地表潜水泵预先疏干效果好坏,主要取决于充水含水层的渗透性、水位高度、干扰系数、钻探设备和排水设备等条件。如果过滤器安装合适,渗透系数为 3 m/d 的潜水含水层和渗透系数为 0.5～1 m/d 的承压含水层亦可采用这种疏干方式。而欧美国家的实践经验表明:渗透系数大于 3 m/d 的潜水含水层和大于 0.3～0.5 m/d 的承压含水层,这种疏干方式均可取得良好的疏干效果。

② 地下疏干。

地下疏干主要应用在并行疏干阶段。通常采用巷道疏干(疏干水平不同)和井下钻孔(放水孔和吸水孔)疏干的方法。我国湖南斗笠山矿香花台井的运输大巷位于灰岩充水含水层中,掘进时超前探水,并在大巷中控制出(突)水点水量,放水量达 2 160 m³/h,满足了降压要求。

③ 联合疏干。

联合疏干常应用于矿井水文地质条件比较复杂的矿井或矿井水文地质条件趋向恶化的老矿。由于从经济和安全方面的考虑,当单纯疏干或单一矿井的井下疏干不能满足矿井生产要求时,应考虑采用井上、井下配合或多井的联合疏干方式。

（2）疏干工程

疏干工程的布置、规模、种类、质量、施工设备、施工工艺及完工时间,应按照疏干方案进行。疏干方案的编制是在矿井水文地质勘探的基础上进行的。在试验性疏干结束后,应根据实际情况对疏干方案做进一步修订。

① 地面疏干井。

疏干井施工前必须掌握下列资料:施工地段的地质、水文地质条件和其他钻孔勘探资料;有关设计图件和说明以及疏干井的规格、水量要求等;施工现场的运输、安装、动力及材料供应情况等;井的结构应根据地层情况,采用多径阶梯式结构。

② 疏干巷道。

疏干冲积层水的巷道,其底板应建筑在基岩或不透水层中,嵌入深度一般不小于 0.5～1.0 m。在疏干巷道中,放水钻孔的数量、布置方式、钻孔结构、疏干水量、安全措施等,可参照井下探放水的。

6.4.3.8　疏水降压开采的工作步骤

① 进行以疏水降压为目的的补充水文地质勘探。对预定疏水降压区的含水层、隔水层、进水和隔水边界、构造分布、水压标高、水量、水质等进行综合分析。若资料不足,则需投入一定的补充勘探工程量,以编制出疏水降压开采所要求的各种图件。

② 分析资料提出疏水降压工程设计(包括图件和文字说明)。

③ 根据设计组织施工。

④ 随疏水降压开采工作的进展,及时进行观测(包括井下、地面观测),若发现异常情况,应立即处理。

⑤ 总结经验,效果评价,并提出今后工作意见。

6.4.3.9 疏水降压开采技术措施

① 煤层顶底板受开采破坏后,其导水裂隙带波及范围存在强含水层时,掘进、回采前必须对含水层采取疏降措施。

② 承压含水层与开采煤层之间的隔水层厚度,能承受的水头值大于实际水头值,开采后隔水层不致被破坏,水不可能突然涌出,可以不疏水降压开采,但必须制定安全措施。

③ 承压含水层与开采煤层之间的隔水层厚度,能承受的水头值小于实际水头值,开采前必须遵守下列规定:(a)采取疏水降压的方法,把承压含水层的水头值降到隔水层能允许的安全水头值以下,并制定安全措施,按规定报批。(b)承压含水层的补给边界已经基本查清,可预先进行帷幕注浆,截断水源,然后疏水降压开采,但必须编制帷幕注浆设计,按规定报批。(c)承压含水层的补给水源充沛,不具备疏水降压和帷幕注浆条件时,可酌情采用局部注浆加固底板隔水层或改造含水层为隔水层的方法,但必须编制专门的设计,在有充分防范措施的条件下进行试采,并制定专门的防止淹井措施。

④ 疏水降压需注意的问题:(a)钻孔布置必须与构造分析以及富水带的分析结合起来。(b)水压较高时,必须注意孔口的安全控制装置,对于孔口管长度、下入孔内的深度、固结方法等要提出专门设计;疏水钻孔的位置应选择在不受开采影响破坏的地点。(c)对强含水层或有强补给源的疏水区,应有防止水量意外加大的安全措施。(d)钻探施工中要针对水压高的特点,采取防喷、防止水门失效、钻孔要多级变径、对钻杆应有灵便的专用卡瓦、钻机用三角胶带转动、安全操作钻机等措施。(e)疏水钻孔有时会打不出水,因此应尽量打斜孔,使钻进含水层的段距加长;钻孔展布方向应与区域导水的构造节理组方向垂直,以扩大疏水量,必要时应采取孔内爆破。(f)疏水降压开采有两种情况:一是煤层与含水层之间有一定厚度的隔水层,只要把采区水压降至安全水头值以下即可;二是煤层直接顶、底板就是承压含水层或相距不远,这样必须把水压降到回采面以下方能安全开采。(g)为尽量减少疏放水量,对于明显的增水因素,如钻孔封孔不良、地表渗漏等现象必须认真处理,已经回采的老采区疏干钻孔或突水点,如与新采区无关,也应封孔或隔离。(h)含水层在煤层顶板,可从地表打钻穿透井下巷运疏水。要疏放的含水层埋藏很深时,可从煤层巷道向上打斜孔或开拓专用巷道放水。

6.4.4 注浆堵水技术

6.4.4.1 矿井注浆堵水概述

(1)注浆堵水的优点

减轻矿井排水负担;不破坏或少破坏地下水的动态平衡,合理开发利用;改善采掘工程的劳动条件,创造打干井、打干巷的条件,提高工效和质量;加固薄弱地带,减少突水概率;避免地下水对工程设备的浸泡腐蚀,延长使用年限。

(2)注浆堵水的应用范围

注浆堵水是防治水害的有效方法之一。

注浆堵水技术是煤矿防治水最重要的手段之一,主要应用于井筒掘凿前的预注浆;成井后的壁后注浆;堵大突水点以恢复被淹矿井;截源堵水以减少矿井涌水。

6.4.4.2　注浆堵水治理水害的主要技术问题

由于地质条件、水文地质条件、注浆材料、注浆设备和工作人员素质等的不同,每一个注浆堵水工程的效果和社会经济效益往往存在很大的差别。若技术分析不当、指挥失误,常常会走弯路甚至带来整个工程的失败。

(1) 注浆堵水中的水文地质工作

注浆堵水中水文地质工作的基本要求是:① 工程前,收集分析历史资料,做出初步判断,并围绕堵水工程进行补充钻探,为堵水方案的选择提出依据。② 工程中,根据施工中的新发现,及时修正注浆钻孔的个数和阶段,尽早打中注浆堵水的关键地段或层位,做好抽(压)水及连通试验,为确定注浆参数、分析浆液条件、评价堵水效果提供资料。③ 工程后,对堵水过程中所有水文地质资料进行综合分析,绘制相应图表,加深对矿区水文地质条件的认识。

注浆堵水中水文地质工作的具体工作包括:

① 通过野外地质调查、补充钻探,编制工程需要的不同比例尺图件,以查清下列问题:与工程有关的断裂构造的确切位置、产状;各含水层的断裂位移和对接情况;工程地段含水层的分布、埋深、层数、厚度及它们之间的水力联系情况;地下水流速、流向;含水层的岩溶裂隙率及其发育部位或区段;隔水层或隔水边界的确切位置,圈定工程范围,选定注浆层位和深度。

② 合理部署地下水动态观测网,开展堵水前、注浆过程中、堵水后三个阶段的水文动态观测,并编制注浆前后观测点历时曲线和等水位线图,进行综合分析。

③ 对堵水有关的各类钻孔进行认真的水文地质编录,绘出详尽的钻孔水文地质综合成果图。

④ 因地制宜地进行连通试验。

⑤ 利用钻孔和被淹矿井做抽(排)水试验,确切了解各含水层与出水点的水力联系情况。通过工程前后排水资料对比,判定堵水效果。

⑥ 进行不同目的的压水试验。冲洗裂隙通道,扩大注浆半径,提高堵水效果;测定岩层单位吸水量,具体了解岩层渗透性,以选择浆液材料及其浓度和压力;帷幕堵水或井筒预注浆时,全孔分段压水,编制出帷幕渗透剖面图(地质剖面图上标明各钻孔不同深度的单位吸水量,圈连出等值线即可),可作为工程设计和质量评价的依据;求得渗透系数(K)值,对松散或裂隙均匀地层来说,可依据泰勒经验值大致判断浆液扩散半径。

⑦ 注堵层埋藏很深,钻孔的偏斜对堵水效果影响很大,同时正确的水文地质分析也必须建立在对钻孔深部位置的确切了解上,堵水钻孔一般要严格防止偏斜并及时进行测斜。

⑧ 使用物探、水化学法或专用仪器设备探查地下水的集中运流带及其补给来源,指导堵水工程。

(2) 注浆堵水中的方法

矿井突水点往往位于矿井水文地质条件较为复杂、薄弱结构面较多的地点。因此,注浆堵水工程的加固就等于消除了矿井的一个隐患,同时也就查清了一种隐患条件或类型,也为矿井大范围的安全开采创造了条件,为预测预防类似隐患的发生提供了可借鉴的经验。但有些突水点,由于区域围岩防隔水性能处于临界状态,此时封堵突水点的目的,是首先减少矿井涌水量,恢复被淹矿井,建立防排水阵地后,为进一步查清水文地质条件、制定矿井防治水总体规划而服务。这种条件下的堵水,注浆段要尽量往深处延,争取在一定范围内,通过堵水能加大阻隔水层的厚度。当然,如果这种突水点水量不是太大,根据当地的具体水文地质条件和井巷条件,也可以不堵,而直接利用作为疏水降压点,强排到底,砌筑水闸门,实行有效控放。

6.4.4.3 帷幕截流堵水注浆

帷幕注浆堵水是煤矿实现疏堵结合、防治水害的重要手段之一。帷幕工程的目的是使外来补给水源中的大部分被截堵在煤层开采范围以外,开采区内部可以通过疏水降压等方法实现安全回采之目的。这样不仅可以大大减少煤矿井总涌水量,使矿井安全生产得以保证,而且保护了矿区外围十分珍贵的水资源,使其发挥应有的作用。

帷幕截流堵水注浆工程应注意的问题:① 进水和隔水边界要勘探分析清楚,有条件时应建立井下可控放的流场动态试验站,掌握水量、水位变化,随时分析截流效果。② 要充分利用地球物理勘探技术,查清帷幕线上的强径流带位置,对此进行重点注浆,注浆钻孔不要等间距均匀布置。③ 注浆孔深度大,要采取防偏措施和孔内定向打斜孔措施。在岩溶含水层裂隙不发育区或意外堵孔不能注浆时,可注盐酸处理,以提高钻孔利用率。④ 要采用代用材料,对严重跑浆孔段要注砂、石子、石粉等骨料。在结束注浆或检查孔注浆时,应用纯水泥浆高压加固,提高帷幕强度。⑤ 有条件时,要井上、下结合。地面建造注浆站,井下打注浆孔,这样可以减少钻探工程量,针对性更强,并少占地表农田。⑥ 一般来说,帷幕截流工程量较大,工期较长,必须加强组织领导,精心设计,精心施工,坚定信心,一丝不苟地按标准进行,防止拖延和间断。

6.4.4.4 预注浆和加固注浆

此类治水注浆包括井筒掘凿前的地面预注浆、掘凿中的工作面预注浆、壁后注浆和成井后的修补加固注浆。

预注浆和加固注浆治水工程应注意的问题:① 井筒检验孔一定要严格取芯,分层抽水试验,确切了解含水层埋藏深度和厚度、岩性、水量、水质、岩溶裂隙发育情况等,为确定地面预注浆或工作面注浆或壁后注浆等提供地质依据。② 对于裂隙含水层,如果裂隙倾角较陡且单向排列,很少相互切割,这样会限制预注浆的效果,故以工作面预注浆为好,可在工作面打定向斜孔,穿过裂隙的概率较高。地面预注浆打垂直孔时要增加孔数,适当扩大注浆半径,对注浆段进行必要的酸处理。③ 地面预注浆要有防偏、纠偏、导偏措施,防止钻孔偏离井筒的中心线。④ 对于立井筒,含水层位置明确且层数少。而斜井筒的含水层斜距长,一般要采用工作面预注浆,但必须预留好止水岩柱,避免出水后再打止水垫,必要时要进行超前探水。

6.4.4.5 注浆材料及典型配比浆液的性质

(1)注浆堵水的材料种类

用于注浆堵水的材料种类繁多,常用的有单液水泥浆、水泥掺附加剂浆、水泥水玻璃双液浆、化学浆。

(2)水泥

　　水泥相对密度一般为 3,存放 3 个月强度一般会降低 10%~20%,存放 6 个月强度降低 15%~30%。水泥中铝酸三钙和硅酸三钙含量多,颗粒细,表面积大,凝结硬化快,堵水效果好。但当水流速度大于 800 m/d 时,结晶体与胶凝体不断被水带走,水泥浆就不能结石。典型配比水泥浆液基本性能指标见表 6-5。

表 6-5　　　　　　　　　　　典型配比水泥浆液基本性能指标

水∶灰(质量比)	浆液相对密度	初凝时间/min	终凝时间/min	结石率	结石体强度/MPa
2∶1	1.3	17.00	48.00	0.42	2.8
1∶1	1.49	15.00	25.00	0.56	4.0
0.75∶1	1.62	11.00	21.00	0.75	11.3
0.6∶1	1.70	9.00	15.00	0.80	16.9
0.5∶1	1.86	8.00	13.00	0.90	22.0

　　根据需要也可在水泥单液浆内添加促凝或缓凝剂,如氯化钙、水玻璃、三乙醇胺和食盐等。其中若按水泥质量比添加万分之五的三乙醇胺和千分之五的食盐,浆液初凝和终凝时间一般将缩短 50%,结石体抗压强度也可提高,值得重视。

　　(3)水玻璃

　　水玻璃由石英砂和碳酸钠在高温反应下制得。高波美度的水玻璃使用时应加水稀释。水泥、水玻璃双液浆的典型配比浆液的主要性能指标见表 6-6。

表 6-6　　　　　　　　　不同水泥、水玻璃配比双液浆主要性能指标表

水泥∶水玻璃	水∶灰			水∶灰			水∶灰		
	凝胶/min	初凝/min	终凝/min	凝胶/min	初凝/min	终凝/min	凝胶/min	初凝/min	终凝/min
1∶1	1.05	2.40	17.00	1.38	4.37	35.00	2.32	9.00	225.00
0.8∶1	0.50	2.30	16.00	1.12	3.37	36.00	2.00	12.00	305.00
0.6∶1	0.34	2.05	18.00	0.50	3.15	118.00	1.34	12.00	540.00
0.4∶1	0.23	3.31	54.00	0.30	5.45	107.00	0.49	72.00	290.00

　　(4)黏土水泥浆

　　根据大量的工程实践证明,黏土水泥浆已成为不可忽视的有着广泛应用前景的注浆堵水材料。

　　黏土水泥浆的主要成分是黏土。但应用前必须对黏土进行物理化学性质测定,其测定内容主要包括:pH 值、塑性指数、粒度、比表面积、盐基总量、蒙矾石含量、矿物化学成分及其含量等。按一定比例制成黏土水泥浆后,应测定其密度、黏度、塑性强度、析水率和耐久性,进行必要的可注性和反压试验。

　　① 相对密度:将比重计放入浆液中直接读取刻度数。

　　② 黏度:用黏度计直接滴定。

　　③ 塑性强度:用圆形试模制成试块。根据稠凝测定仪锥体沉入试块的深度。应用下列公式计算塑性强度。

$$P_{m} = \frac{K_a G}{h^2} \tag{6-22}$$

其中 P_m 为塑性强度,单位 g/cm^2;G 为圆锥体装载系统的质量,单位 g;h 为圆锥体沉入试块的深度,单位 cm;K_a 为与圆锥体顶角有关的系数,由仪器本身标定。

④ 析水率:浆液沉缩后析出水分的体积与总体积之比。

⑤ 耐久性:试块在水中浸泡后观察测定表面有无软化现象和软化厚度。

⑥ 可注性:由设定受注体在试注管内直接加压测定。

⑦ 反压试验:一定裂隙率及其张开度的受注体产生塑性强度后,加压观测结石体的位移情况的试验。

当黏土浆视密度为 $1.15 \ t/m^3$,每立方米加添加剂(一般为水玻璃)25 L。添加剂的水泥量为 100 kg、125 kg、150 kg 时黏土水泥浆的塑性强度如表 6-7 所列。

表 6-7 不同黏土水泥浆不同时刻的塑性强度表

水泥量/kg	不同时刻的塑性强度/($\times 10^2$ Pa)						
	2 h	4 h	6 h	8 h	10 h	12 h	24 h
100	14.20	63.67	152.02	336.05	511.16	869.65	1 419.90
125	15.92	81.79	287.57	449.26	776.06	1 150.12	2 722.17
150	12.10	93.89	248.81	511.16	869.65	1 150.12	4 600.46

黏土浆的相对密度不同,添加剂和水泥加入量不同,其可注性、塑性强度、耐久性、析水率也是不同的。需要针对具体水文、工程地质条件选择合理的浆液配比。

(5)骨料

注浆堵水时,对大的过水通道(如溶洞、巷道、大的断层裂隙带),尤其在动水注浆条件下,往往需要先注骨料形成阻隔水段或阻隔水层,然后再注水泥单浆液、水泥水玻璃单浆液或黏土水泥浆。骨料主要是指砂子、石粉、石子、锯末等。石粉、锯末悬浮性好,充填时要采取有针对性的措施,往往需要砂浆泵用黏土浆混合搅拌压注。

6.4.4.6 注浆系统与主要设备简介

注浆中需要的主要设备有:注浆泵、搅拌机、止浆塞、混合器、输浆管路及相应的闸阀和接头、压力表及流量计等。

注浆系统及设备应根据注浆材料和工程规模、工程场地条件具体设计确定。现以井上、井下结合灌注黏土水泥浆为例,一般性介绍造浆注浆系统及需要考虑的主要设备。根据图 6-4 所示的主要设备系统流程可知,所需主要设备如下:散装水泥罐或水泥库;上料胶带 1～2 部,或螺旋送灰器或风动送灰器一套;一次水泥搅拌机及工作台割袋器一套,或风(水)射流搅拌机一台;黏土和水泥浆过滤筛两个;高位计量箱或计量器(仪表)两个;黏土破碎搅拌机一台;旋流除砂器一个;粗、精储浆池各一个;射流泵两台;供清水泵三台;加水计量箱或水表两个;混合搅拌池一个及搅拌机一个;清水池一个;注浆泵及备用泵两台;抗震压力表 4 块;活动高压胶管及配套快速接头三段套;高压输浆管及信号电缆各一套;高压放水放浆三通及阀门若干套;孔内止浆塞若干套;相应的输配电设备开关及操作按钮。

6.4.4.7 注浆改造技术措施

① 在煤层底板充水含水层富水性区、强径流带,或煤层底板隔水层存在变薄带、构造破

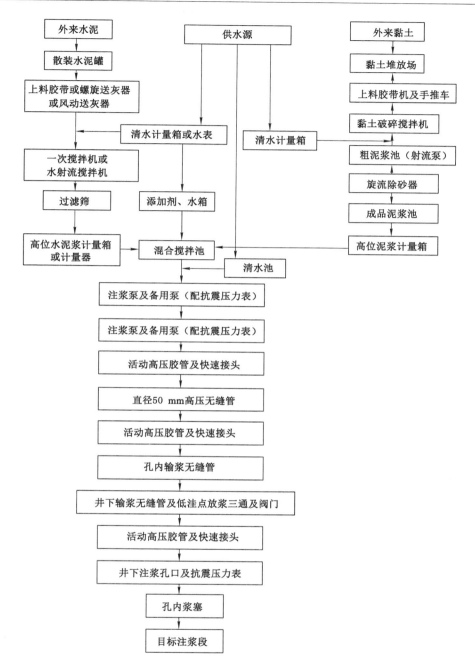

图 6-4　注浆系统与主要设备流程

碎带、导水裂隙带,疏水降压难度大、不经济,可通过对底板含水层进行注浆改造,改变其富水性,加固底板,封堵水源补给通道,实现安全开采。

② 编制注浆改造工程设计,制订注浆改造和安全技术措施。

③ 合理布设注浆钻孔,可先进行物探,查明水文地质条件,再根据物探资料合理布设注浆钻孔。工作面初压段、构造发育段、含水层富水段、隔水层变薄区要加密钻孔,并使钻孔尽

量与构造发育方向垂直或斜交。

④ 地面集中建站、造浆,通过送料孔和井下管路,利用注浆孔向含水层注浆。

⑤ 注浆方式采用全段连续注浆,尽量填实岩溶裂隙和导水通道,注浆要分序次施工。

⑥ 注浆材料以黏土水泥浆为主,并要不断试用其他材料。

⑦ 注浆参数:水灰比、相对密度、泵量视单孔涌水量及岩溶发育情况而定,注浆终孔压力一般不低于孔口水压的 2.5～3.5 倍。

6.4.4.8 注浆施工

(1) 注浆施工分类

注浆堵水根据工程性质、使用材料、注入方式的不同,有各种分类和名称:① 按时间分,有预注浆和后注浆;② 按材料分,有水泥、黏土、化学浆;③ 按注入方式分,有单管压人的单液注浆和双管路孔口或孔内混合的双液注浆;④ 按工程性质分,有突水点动水注浆、静水注浆、帷幕截流注浆;⑤ 按地层条件分,有岩溶地层、裂隙地层和砂砾松散层注浆。

(2) 各类注浆堵水的特殊要求

① 井筒地面预注浆的特殊工艺要求及措施。

在钻探施工中要采取一切措施防止钻孔偏斜;掌握偏斜规律(一般沿岩层倾斜上方偏),适当变更深部注浆孔的地面位置;做好钻孔测斜工作,正确计算不同深度的偏距和方位,分析预注浆的薄弱部位,采取补救措施,对钻孔偏斜度大的段,用水泥封孔,按防偏措施重新钻进,定向打斜孔;少孔注浆时,每个孔都自下而上又自上而下做好分段复注工作,重点段多次扫孔复注,注前做好冲洗孔工作,导通注浆裂隙、扩大注浆半径、内孔爆破或打斜孔。

② 立井或斜井工作面预注浆的特殊工艺要求及措施。

要防止岩柱、井壁或止浆垫抬动破裂;要预留或筑砌止浆垫。

③ 井筒壁后注装的特殊工艺要求及措施。

用四种办法多埋导水管:风钻打眼,大空洞重新砌砖埋管,小孔隙塑胶泥埋管,大面积的细小水流插水针导水,塑胶泥抹面;注浆时,用木楔、棉线、塑胶泥堵跑浆裂隙;用间歇注浆和双液浆,灰浆水玻璃,低压反复注。

④ 突水点井下动水注浆的特殊工艺要求及措施。

对破坏导水区多打孔、打深孔;控制跑浆;间歇注浆;向出水点跑浆的钻孔,当注入一定量浓浆并进入跑浆通道时,应立即在孔口放水,使地下水沿钻孔泄压,不向跑浆通道通流;加深止浆塞位置,使浆液进入深部;高压水在井下钻进时,应注浆加固,并多次试压检查。

⑤ 突水点地面动水注浆的特殊工艺要求和措施。

用直径 45 mm 长 50 mm 压缩木块 20 块,间距 0.2 m,用线串联,每串长 5 m,用 18 号铁丝从钻孔悬下,随水流移动,堵塞水路;突水通道断面缩小后,紧接着注砂子和石子等锚料。注料时,钻杆在孔内转动喷水,水和砂子(石子)从钻杆与套管间隙进入通道;充填骨料后,立即注水泥水玻璃双液浆,凝胶时间控制在 0.5 min、1 min 和 3 min。

⑥ 突出点地面静水注浆的特殊工艺要求及措施。

绘制精确的井上下对照图,根据构造、高程及勘探孔,寻找出水点,打一孔分析,最后命中出水点层位;进行抽(排)水和连通试验,确定钻孔与出水点水力联系的强弱,明确注浆价值;对大的岩溶通道,既要控制跑浆,又要保证充填固结强度。

⑦ 帷幕截流注浆的特殊工艺要求及措施。

基底和两翼隔水条件能清楚;注浆孔要有足够的密度和排数;做好钻孔冲洗裂隙和上行、下行及关键段钻孔复注工作;防孔斜,缩短钻孔深度。

6.4.5　防水闸门和水闸墙

6.4.5.1　防水闸门、水闸墙的预防目标与设防位置

① 煤矿在需要堵截水的地点应设置水闸墙。

② 煤矿在井下巷道掘进遇溶洞或断层突水时,为封堵矿井水或溶洞泄出的泥沙石块,可构筑水闸墙。

③ 根据预防目标的不同,水闸门(墙)设置的位置可以选在井底车场大巷、延深水平大巷或石门、采区上下车场等三种不同的地段。

6.4.5.2　防水闸门、水闸墙设计

(1)正确选择防水闸门、水闸墙位置

① 防水闸门、水闸墙位置的影响因素。

所选位置应不受井下采动的影响;应尽可能选在较致密岩(煤)层内;应远避断层和岩石破碎带;从通风、运输、行人、放水安全等方面考虑,要便于施工和灾后恢复生产;应尽可能设在单轨运输的小端面巷道内;不受多煤层开采因素影响;在矿井水文地质条件复杂地区,进行新矿井巷道布置和生产矿井开拓延伸或采区设计时,必须根据水患威胁情况,考虑设置防水闸门或水闸墙的位置,且必须在其附近保留足够的防水煤(岩)柱。

② 防水闸门、水闸墙位置的正确选择。

矿井结合开拓部署事前选定防水闸门、水闸墙位置,掘进到这一位置预留前方试压空间后应首先建门,以免丧失耐压检验的条件(否则门前要另建试压闸墙),耐压检查合格后方可进行后续工程。防水闸门、水闸墙位置一般要求设置在围岩中等稳定以上的巷道中。若条件限制,防水闸门、水闸墙迫不得已放在软岩(煤)中时,在设计中必须考虑特殊的加固措施。硐室设计前,主要考虑的因素有硐室的使用性质以及通风、排水、行人、供电、管线要求,其次还要注意施工条件、巷道之间关系、围岩性质。在运输巷道中(如胶带、机车),由于水闸门宽度限制,往往要考虑专用绕道另设行人水闸门。当通风断面过大、流水量过大、围岩条件差时且需开凿的巷道断面过大,单门硐不能满足要求时,要考虑绕道和双门硐问题。一般说来,在满足使用条件下,防水闸门、水闸墙应尽可能做到设计断面小,混凝土体积小,以方便施工、降低工程造价。

(2)合理确定硐室设计的主要技术参数

① 门硐尺寸确定后,抗水压力、混凝土设计强度、安全系数便成为硐室设计的主要技术参数。在深部水平,当水压很大时,应考虑水平隔离,把门建在深部水平的上限,或水位升至某一高度时即让其自流排泄,以降低门的抗水压要求。

② 在选择硐室混凝土强度时,应根据巷道围岩性质、施工单位技术素质来确定,同时也不能忽视井下作业条件的限制。巷道围岩条件好,如砂岩、灰岩,岩石硬度系数 $f > 6$ 时,可采用 250# 以上高标号混凝土,以减少工程量,节约资金。但在砂质泥岩、泥岩、煤巷设置水闸门硐室时,可采用 150# ～200# 低标号混凝土,以适应软岩低强度支撑条件。

③ 水闸门设计安全系数全国各设计单位没有统一采用标准。水闸门安全系数取值不同,直接关系到硐室工程量大小及硐室的安全度。

④ 凡属采用的设计,必须根据规定设计内容和必要的计算基础进行重点检查验算。设计缺项必须在采用前补齐,补充的设计图必须按规定报批。

⑤ 硐室中布置有水沟闸门时,水沟闸门与行车门硐须在平面上错开布置,大门与小门不得上下重叠。

⑥ 硐室迎水端向里 25 m 处,须安设向里开的巷道铁栅栏门和水沟箅子。硐室两端护碹范围内的混凝土底拱应与护碹基础整体连接或与预留斜口接茬连接。在门框后部及门硐周围混凝土应力集中部位,必须采取加固措施,增强其抗剪抗压和防渗能力,以防混凝土被局部集中应力突破。

(3) 确定防水闸门、水闸墙混凝土密闭体的厚(长)度

防水闸门、水闸墙的混凝土密闭体厚(长)度(水闸墙与之相同),一般采用圆柱体公式,经三个步骤计算确定。

① 根据使用综合条件预选混凝土设计强度(200#~250#),按使用条件密闭体为一段时所计算的最大硐室宽度(高度),试算硐室最大掘进宽度(高度)。

② 根据工程的综合条件调整技术参数(改混凝土设计标号、定密闭体段数)再进行计算,使之达到适合施工条件为止。一般来讲,密闭体掘进最大宽度和高度不宜太大,混凝土密闭体段数不宜太短太多,混凝土设计强度也不宜过高。

③ 设计计算完毕,数据取整后验算安全系数,即反求 $m=1$ 时的 P 值。防水闸门硐室长度设计计算公式如下:

$$L \geqslant \frac{1.5B}{\left(\dfrac{nR}{mP} - 1\right)\cos\alpha} \tag{6-23}$$

式中,L 为混凝土密闭体一段长度,单位 cm;B 为背水端硐室最大净宽(净高),单位 cm;n 为密闭体段数;R 为混凝土设计轴心抗压强度,单位 MPa;m 为安全系数;P 为硐室设计抗水压力,单位 MPa;α 为密闭体斜面与巷道中心线夹角,单位(°)。公式中各符号的几何关系如图 6-5 所示。

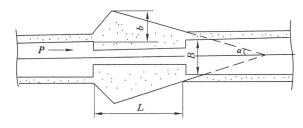

图 6-5　水闸门(墙)密闭体长度计算关系图

(4) 防水闸门、水闸墙施工图设计中应注意的事项

① 门框加固,为保证水闸门关闭承压后作用于门框的压力能够均匀传递到混凝土中,避免门框附近发生混凝土剪切破坏,在水闸门紧贴门框位置附近应采取加固措施(设工字钢或布钢筋网)。

② 双门硐应加固门柱(设工字钢或加筋)。

③ 硐室迎水面水闸门门槛应尽可能降低。

④ 采用预埋起重环等形式降低硐室高度。

⑤ 各种预埋管件防腐除锈试压并在管外壁焊设法兰盘状防滑摩擦片。

⑥ 关键部位预埋注浆管,重视壁后注浆工作,消除施工隐患。

⑦ 预埋的注浆管内径应大于风钻钎子头的直径,以便必要时扫孔或延深钻进后实行多次重复注浆。

6.4.5.3　防水闸门的技术要求

① 防水闸门必须采用定型设计;防水闸门的施工质量,必须符合设计要求。

② 水闸门是用于防止井下突水威胁矿井安全而设置的一种特殊闸门,一般设在可能发生涌水需要截断而平时仍需行人和行车的巷道内。

③ 防水闸门来水一侧 15～25 m 处,应加设一道挡物算子门。

④ 通过防水闸门的轨道、电机车架空线、带式输送机等必须灵活易拆;通过防水闸门墙体的各种管路和在闸门外侧的闸阀的耐压能力,都必须与防水闸门所设计压力相一致;电缆、管道通过防水闸门墙体时,必须用堵头和阀门封堵严密,不得漏水。

⑤ 防水闸门必须安设观测水压的装置,并有放水管和放水闸阀。

⑥ 防水闸门竣工后,必须按设计要求进行验收。

⑦ 防水闸门一般是由混凝土墙垛、门框和能开启的铁板或钢板门扇所组成。

⑧ 老矿井不具备建筑水闸门的隔离条件,或深部水压大于 5 MPa,高压水闸门尚无定型设计时,可以不建水闸门,但必须制定防突水措施。

⑨ 防水闸门必须灵活可靠,并保证每年进行 2 次关闭试验。

⑩ 防水闸门、闸阀等由维修负责人每月巡回检查一次。

6.4.5.4　防水闸门、水闸墙施工要求

① 防水闸门、水闸墙要求设置在致密坚硬且完整无隙的岩石中。如果必须在松软岩石中砌筑时,就应当在砌木闸门、密闭门或水闸墙内外的一段巷道里全部砌碹,碹后注浆,使之与围岩紧密固结,构成一个坚固整体,以防漏水甚至崩溃。

② 防水闸门、水闸墙可用缸砖、料石、钢筋混凝土或建筑用砖砌筑,视所受压力大小而选定材料。墙垛四周应掏槽伸入岩石之中,事先埋好注浆管,待墙垛竣工后,再压注水泥砂浆,充填缝隙使之与围岩构成一体。

③ 防水闸门、水闸墙由堵垛、门框、门扇及衬垫组成。门框净高、净宽视巷道运输量的需要而确定。

④ 防水闸门、水闸墙墙垛由混凝土筑成,应按设计留好各种水管孔和电缆孔。门扇可根据经受水压的大小,采用铁板焊接或铸钢制成。当水的压强不超过 25 kgf/cm² 时,门常采用平面状;当水的压强超过 25～30 kgf/cm² 时,门采用扁壳状或球壳状。门框与门扇之间的衬垫,用铜片或铁皮包橡皮做成。

6.4.6　矿井防排水技术

6.4.6.1　矿井地面防水

(1) 矿井地面防水内容

矿井地面防水主要包括:地表水体与降水渗漏的防止,抗洪防汛,喀斯特管道流的围截与疏导,滑坡泥石流的防治等。

（2）矿井地面防水技术要求

① 充分调查研究当地的地形地貌条件，编制地形地质图和基岩地质图，掌握基岩含水层和煤层的出露和隐伏情况，正确确定地表分水岭和含水层的地下分水岭，计算每一水系沟渠的汇水面积；研究取得不同降水强度下的地表径流、地下径流系数，充分利用当地气象资料，计算得出当地不同频率的最高洪水位、水系沟渠的洪峰流量，根据《煤炭工业设计规范》的设计和校核标准，兴建防洪工程。

② 掌握和圈定矿区最高洪水位淹没范围。根据井下开采范围不断扩大影响地表塌陷的规律，分析喀斯特洞穴、隐蔽古井筒和采动裂隙雨季突然陷落灌水的可能，事前采取预防、堵漏措施。

③ 掌握煤层开采冒落带、导水裂隙带的发育规律及开采地表塌陷的岩移塌陷规律，分析认识含（隔）水层条件的变化和地表水及大气降水入渗的状况，设计施工地表防水工程。

④ 做好防洪抢险的各种准备，预防狂风暴雨雷电的突然袭击。

⑤ 做好地下暗河及管道流系统、滑坡、泥石流调查分析工作，采取预防、治理措施。

（3）矿井地面防水的种类

① 地表水体及降水渗漏的防止。

地表水体及降水渗漏的防止是矿井防治水工作中极其重要的一个方面。矿井水的主要来源是地表水和大气降水的渗漏。含水层向矿井充水，其最终水源也是大气降水或地表水。没有或很少有大气降水或地表水补给的含水层，一般是能够和易于疏干的。

② 抗洪防汛。

抗洪防汛是地面防水的重要组成部分。对某些地形条件特殊的矿井来说，抗洪防汛是安全生产的关键。抗洪防汛要求是：井口和工业广场的位置必须高于当地最高洪水位，符合有关防洪的"校核"标准；开采坍陷难于堵漏的地段，要留设煤柱，暂缓开采，待矿井开采后期处理；一切地面建筑要避开山洪可能袭击的地点。

③ 喀斯特管道流的围截与疏导。

查明喀斯特管道系统及与之相连的溶蚀洼地，加强地面防水，截堵汇入洼地的山洪，依据地形挖多级重叠式防洪沟疏导泄水效果很好。

6.4.6.2 矿井井下防水

（1）矿井井下防水内容

矿井井下防水主要包括：井下各采掘工作面水情预测预报、探放水、大水矿井的隔离开采、防水闸门（墙）的设置、各类防水煤（岩）柱的合理留设、隔水层利用与突水预测预防等。

（2）矿井井下防水技术要求

① 有计划、有针对性地进行矿区和矿井水文地质调查、勘探和各项观测工作，查明矿井各种充水因素，分析研究各类地下水的贮存运移规律，根据生产安排的需要，不间断地提供水文地质资料，并对采掘工作面进行细致的年度、月度水情分析预报，研究预防措施。

② 坚持"有疑必探，先探后掘（采）"，进行井下探放水工作；探水工程的超前距、安全套管下放深度和固结控水装置方式、安全注意事项，应按规程和设计要求严格执行。

③ 有突水危险的矿井或区域，要按照《煤矿安全规程》的规定和要求，设置防水闸门，创造控制隔离条件后方可采掘；有的危险区要设置防水闸墙进行封闭隔离，以减少危险和涌水量。

④ 在相邻矿井的边界处,断层两侧,喀斯特陷落柱、大片老空积水区及其他对矿井有威胁的水源周围,要根据条件和需要正确留设各类防隔水煤(岩)柱,避免和控制水患的发生和蔓延。

⑤ 煤矿要同时研究含水层、隔水层,确切了解每一个采区和采煤工作面隔水层的厚度、岩性及其层次组合关系,结合突水规律、突水机理,充分利用隔水层来预测和预防突水,同时为疏水降压提供合理的安全水压值。

⑥ 煤矿要对古井小窑采空区和本井采空区积水进行调查分析和核实,采取慎重、稳妥的措施,事前加以探放或有效隔离,不留后患。

（3）矿井井下防水的种类

① 矿井各采掘工作面水情预测预报。

每年年初要根据开拓工程和采区的具体部署,对照各矿井可能存在的水害类型,逐一进行排查分析,提出疑点,落实查明措施,指出存在问题,确定解决办法,形成年度水情分析预报资料,纳入生产作业计划,使有关领导和部门都掌握情况明确任务;每月编制生产作业计划时,再进行每个采掘工作面的水文地质条件的分析,预报其前进方向和顶底板及两侧的含水层(体)的赋存情况、威胁程度,提出预防和解决措施,形成月度水情预测预报资料。

② 矿井探放水工程。

接近水淹的井巷、采空区、小窑,接近含水层、导水断层、含水裂隙密集带、喀斯特溶洞和陷落柱,打开隔离煤柱放水前,接近有水或稀泥的灌浆区、可能突泥突砂区,接近可能突水的钻孔,采动影响范围内有承压含水层或水体,煤层与含水层间隔水岩柱厚度不清有突水可能以及采掘工作面有出水征兆时,都必须安钻探水,以查明情况,掩护采掘作业,直至最终放出威胁水体或排除疑点。探水工程以钻探为主、物探为辅,用物探配合确定钻探。

③ 大水矿井的隔离开采。

水文地质条件复杂的大水矿井,由于水害威胁不能绝对排除,应实行一定范围甚至全矿井的分区隔离开采,使威胁水源(体)或灾害得到控制,缩小波及范围,是井下防水的重要方法。隔离方式分为按煤层分层组隔离、分水平隔离、分采区隔离、分两翼隔离、只对危险区隔离、只对主排水泵房保护隔离等 6 种。

④ 防水闸门(墙)的设置。

防水闸门(墙)的设计、施工,应严格把握以下基本要素:位置的选择;正确设计计算砌体长度,门框、门扇强度,要有一定的安全系数;过防水闸门(墙)的水沟;防水闸门内 15～25 m 处应设有铁栅栏门;施工中除严格按设计要求掘槽、清帮和执行混凝土浇筑的各项规定外,还要特别注意门框、门扇在运送中不受损伤,做好耐压试验;建立严格的管理维护制度。

⑤ 各类防水煤(岩)柱的合理留设。

防水煤(岩)柱按其作用可分为 6 类:两矿井之间的边界煤(岩)柱,简称矿间煤(岩)柱;水体下采煤的安全煤(岩)柱;断层防水煤(岩)柱;长期隔离不予探放水的老空积水煤(岩)柱;喀斯特陷落柱、导水钻孔、构造裂隙发育的高承压水威胁区煤(岩)柱;与防水闸门(墙)相关的煤(岩)。

（4）矿井井下防水技术内容

① 利用突水系数判别突水危险程度,对受水威胁煤层进行分区评价,做到心中有数,并明确重点。

② 加强对导水构造的分析和探查,预防突水灾害的发生。

③ 钻探、物探结合,确切查明每一个受水威胁采煤工作面的底板隔水层厚度及其变化,原始导高的存在状况。利用原始导高和信息指示层的水压、水量,判别强含水层在采煤地段的富水性,预测开采危险程度。

④ 利用原始导高和信息指示层的高水位区,分析导水构造的存在,判断采动条件下地下水"再导升"现象的发展,预报突水危险。

⑤ 观测直接顶、基本顶来压规律,分析集中支承压力强度,改进工作面的布置,减少矿压对底板的破坏深度和引张力的强度。

⑥ 加强采煤工作面底板断裂构造及节理展布规律的分析,避免工作面推进方向与导水构造裂隙的走向平行。

⑦ 需要时注浆加固,改造水文地质条件。

6.4.6.3 矿井排水

(1)排水系统的技术要求

① 合理选择和配置水泵、水管和配电设备,使之达到安全规程的要求。

② 根据卧式离心泵、立式潜水泵或卧式潜水泵规格型号和主要泵房所在区域正常涌水量、最大涌水量和可能出现的灾变水量,按照《煤矿安全规程》和《煤矿防治水细则》掘砌水仓、泵房、沉淀池,设置泵房水仓配水通道的控制闸门。

③ 根据《煤矿安全规程》,每一矿井应有两回电源线路。

④ 水泵、水管、闸阀、排水用的配电设备和输电线路,都必须经常检查和维护。

(2)矿井排水种类

① 常规排水。

事前预计得知矿井正常和最大涌水量后,有充裕时间进行设计和准备的排水。

② 抗灾排水。

大水矿井的突水,水量难以预计,其规律往往是先有一个高峰流量,而长期的稳定流量就小一些,只要配合水闸门(墙)的作用,抗住高峰流量,就可保证矿井安全。依据《煤矿防治水细则》有关规定,有突水危险的矿井,可较常规排水适当扩大泵房能力,或另行增建一定能力的抗灾泵房,并尽可能选用潜水泵。

③ 抢险保矿和追水复矿排水。

这是特殊条件下的排水,往往水量大、时间紧,不具备条件也要创造条件上,需注意的细节很多。

6.4.6.4 矿井防、排水系统的建立

(1)水仓

水仓容量要符合《煤矿安全规程》和《煤矿防治水细则》的规定,保证能在一定的时间内存储一定的涌水量,以便能有缓冲时间来排除排水系统的一些偶然停运故障。主要水仓必须有主仓和副仓。当一个水仓清理时,另一个水仓能正常使用。矿井最大涌水量和正常涌水量相差特大的矿井,对排水能力、水仓容量应编制专门设计。水仓进口处应设置箅子。水仓的空仓容量必须经常保持在总容量的 50% 以上。

(2)泵房

泵房内的环形管路及相应的闸阀能有利于充分发挥排水管路和各台水泵的能力,启动

和调配水量方便合理。当同一矿井、同一水平有数个泵房时,其底面标高应尽可能一致,这样便于协同排除该水平的来水,形成统一的排水能力,防止低位泵房被淹、高位泵房还发挥不了排水功能的情况。若这种情况存在,则建议安装 SH 型或 S 型单极、双极低扬程大流量的接力泵与高位泵房配套,充分发挥高位泵房的排水作用。

（3）排水管道

矿井必须有工作和备用的水管。工作水管的能力应能配合工作水泵在 20 h 内排出矿井 24 h 的正常涌水量。工作和备用水管的总能力,应能配合工作和备用水泵在 20 h 内排出矿井 24 h 的最大涌水量。水管管径要与水泵能力相匹配,水管趟数要与总设计排水能力相匹配,水管壁厚要与相应的扬程相适应,这些应由设计部门选型。矿井水文地质工作者,需要掌握不同直径管路的通水能力。

（4）水泵

煤矿必须有工作、备用和检修的水泵。工作水泵的能力,应能在 20 h 内排出矿井 24 h 的正常涌水量;备用水泵的能力应不小于工作水泵能力的 70%;工作和备用水泵的总能力,应在 20 h 内排出矿井 24 h 的最大涌水量;检修水泵的能力应不小于工作水泵能力的 25%;水文地质条件复杂的矿井,可在主泵房内预留安装一定数量的水泵的位置。

（5）供电系统

煤矿的供电系统应同工作备用以及检修水泵相适应,并能够同时开动工作和备用水泵。各水平中央变电所和主排水泵房的供电线路不得少于两回路,当任一回路停止供电时,另一回路应能担负全部负荷的供电。

（6）闸门系统

对大水矿井来说,根据具体的水文地质和工程地质条件,要整体考虑矿井采区开拓部署,实行分水平、分煤层、分区域甚至分采区的隔离措施,修建水闸门系统,以便于某一地点发生意外突水时,可立即关闭闸门,使灾情迅速得到控制,保障其他地点的正常安全生产。水闸门系统是矿井的重要防水系统。有水害威胁的矿井,水闸门系统与排水系统同等重要。

（7）矿井临时排水系统

① 转水站:对基岩段富水性较强的深井,应在井筒中部设置相应排水能力的转水站。

② 井底临时排水设施:井筒开凿到底后,井底附近必须设置具有一定能力的临时排水设施,保证临时变电所、临时水仓形成之前的施工安全。

③ 施工区临时排水系统:在建矿井在永久排水系统形成之前,各施工区必须设置临时排水系统,并保证有足够的排水能力。

（8）矿井排水系统维护要求

① 水泵、水管、闸阀、排水用的配电设备和输电线路,必须经常检查和维护,在每年雨季前必须全面检修一次;对全部工作水泵和备用水泵进行一次联合排水试验。发现问题及时处理。检修、试验等记录齐全。

② 水仓、沉淀池和水沟中的淤泥,应及时进行清理。每年雨季前必须清理 1 次淤泥。

6.4.6.5　矿井防、排水系统技术数据库

① 泵房标高和水泵出水标高,排水管井巷的垂直深度或斜长以及断面、坡度。

② 水仓的经常性有效容量。

③ 进入该水仓的经常性水量和最大水量,水流路线及其来水区域及充水原因。

④ 水泵规格型号及台数,每台水泵的额定和实测扬程量及电机功率和供电电压。

⑤ 水管规格及排数,每排的过水能力,结合水泵能力确定泵房的最大综合排水能力。

⑥ 供电线路规格、长度及其能力。

⑦ 泵房密封门、配水小井控水闸阀的完好程度。

⑧ 水闸门所在位置的标高,控制范围,周围隔水煤(岩)柱宽度,上、下层采掘区重叠情况,层间距及岩性组合情况。

⑨ 水闸门设计抗压能力,耐压试验情况,水沟断面及其过水闸阀规格型号。

⑩ 水闸门启闭及维修管理工具、器材数量及其存放地点,专职或兼职管理维修人员名单。

⑪ 与水闸门配套的水闸墙所在位置标高、控制范围、周围隔水煤(岩)柱宽度,水闸墙内的积水量和水位标高。

⑫ 水闸墙设计的抗水压能力,耐压试验情况或注浆升压情况,墙上留设的水管及闸阀的材质及规格型号。

⑬ 矿井边界煤(岩)柱及其他类型煤(岩)柱的情况,设计尺寸,实有尺寸,不足原因和所在地段等。

6.4.6.6 矿井防、排水基础设施的建立

(1) 基础设施的设计

煤矿经过矿井充水条件的系统分析,必须说明修建水闸、水闸墙的必要性和可能性;对于可设可不设的或需要设而已无条件设的情况,要采取其他防范措施,不能强行修建水阀门(墙)。矿井提出与水阀门(墙)相关的煤(岩)柱留设的分析和计算意见,防止水阀门(墙)一旦关闭,从薄弱地点以外突水带来的灾害。矿井选择工程地质条件最好的地点修建防水水闸、水闸墙,明确需承受的最高水压、关闭后水质发生的变化、周围的断层构造情况、岩石和岩体的一般力学强度、上下煤层采动影响的程度等。

(2) 施工

硐室掘凿施工时要及时观察围岩变化情况,详细描述岩性结构及裂隙节理组的密度、走向、倾角,并作出素描展开图。注浆管要合理调整其数量、俯角和仰角,使其针对混凝土砌体与围岩节理裂隙接触部位。注浆管俯角、仰角要便于用直径 42 mm 钻杆安装钻机透孔复注或用风钻透孔复注。水闸门或水阀墙要做耐压试验,既可用高压泵打压试验,也可利用条件引高压钻孔水或排水管路内的水进行设计规定的静水柱压水。发现漏水,要分析条件,进行补充加固注浆。水闸墙一般应按两段设计;两段之间留 0.1 m 的间隙,用钢筋或工字钢均布连接;钢筋或工字钢间的空隙充填石子或石块。预埋若干条注浆耐压试验管,通过注浆进行两段砌体间耐压检查。

(3) 管理

① 熟悉统一制定的管理制度和所需工具设备存放的地点及规格与数量。

② 编录定期检查维修的详细记录。

③ 定期分析周围采掘情况、水闸门(墙)附近围岩变化和隔水煤(岩)柱变化。

④ 定期分析水闸门(墙)控制区的充水条件变化。

6.4.6.7 矿井强排水技术

(1) 被淹井巷的几种情况和采取的措施

① 当采区或一个水平淹没时，可关闭水闸门，以控制事故的扩大。根据已有永久排水系统的能力及增设的临时排水能力，有计划地开放水闸门上的放水管进行排水。

② 当采区或大巷被淹时，关闭大巷水闸门，保住井底车场正常排水。当确认井底车场和泵房有被淹没的可能时，应突击安装潜水泵，以便在撤出卧泵和全部工作人员后，潜水泵能继续排水。

③ 当全矿井被淹没后，应根据具体情况，经过技术经济比较，确定恢复被淹矿井的排水方案。一般可采用强行排水、先堵后排、放泄排水和钻孔排水 4 种方式。在条件允许时亦可采用综合排水。

（2）矿井强排水的准备工作

① 矿井的原有水量和新增水量。

② 矿井原有的排水系统、安装地点及排水方式，可利用的排水设施。

③ 矿井的供电情况。

④ 静水量按标高分布的图表。

⑤ 预计动水量与排深有关的变化曲线。

⑥ 静水位、井底、井口及各水平标高。

⑦ 矿井总平面布置图及井上下对照图。

⑧ 可供布置排水设备的井巷断面图。

⑨ 矿井瓦斯、二氧化碳和其他有害气体的涌出、分布情况和通风系统。

⑩ 水质分析资料，如水的酸、碱度，水中的泥沙含量等。

6.4.7　含水层改造与隔水层加固技术

含水层改造与隔水层加固技术是 20 世纪 80 年代中后期发展起来的一项注浆治水方法。当煤层底板充水含水层富水性强且水头压力高，或煤层隔水底板存在变薄带、构造破碎带、导水裂隙带时，需采用疏水降压方法实现安全开采，但疏排水费用太高、浪费地下水资源且经济上不合理。采用含水层改造与隔水层加固的注浆治水方法实属上策。

6.4.7.1　含水层改造与隔水层加固的机理

含水层改造与隔水层加固技术主要针对煤层底板水害的防治。利用采煤工作面已掘出的上通风巷道和下运输巷道，应用地球物理勘探或钻探等手段，探查工作面范围煤层底板岩层的富水性及其裂隙发育状况，确定裂隙发育的富水段，采用注浆措施改造含水层或加固隔水层，使它们变为相对隔水层或进一步提高其隔水强度。

6.4.7.2　含水层改造与隔水层加固技术

（1）地面建造注浆站，集中向井下远距离输浆和注浆，简化注浆系统，提高自动化程度，为大规模改造自然地质条件提供手段。注浆管不超过 50mm，在低凹位置可设置放水放浆闸阀。

（2）开发应用黏土水泥浆，在裂隙地层中灌注有其优点，在岩溶地层中应用需进一步实践分析。

（3）积极应用井下物探的方法探查煤层底板一定深度的岩溶裂隙发育情况、承压水原始导升高度和富水状况，为钻探注浆提供目标，也为注浆加固后的质量检验提供借鉴。

（4）在承压水头压力高、采动矿压对底板破坏影响较深的地区，加固改造目标层也应加深。

（5）改造加固目标虽然是大面积的，但实际能进浆的范围却是局部的，主要在一些断层破碎带附近。如果能强化注浆，有可能解决一些垂直导水通道问题，扩大防治的效果。

（6）在注浆改造范围不大、注浆材料使用量少的情况下，也可以在井下造浆、注浆。

（7）在水头压力高的地区井下打钻时，孔口安全装置要慎重设置。

（8）要提高各注浆孔的最后封口质量。

（9）可利用注浆孔（有少量涌水又在采动影响范围以外者）进行采动条件下的涌水量、水压动态变化观测，开展突水监测工作，加深煤层底板突水机理的认识研究。

第 7 章　泥石流地质灾害及其防治

7.1　矿山泥石流分类及基本特征

7.1.1　矿山泥石流的定义

矿山泥石流的形成是煤炭资源集中开采所诱发的。所以泥石流主要发生在煤炭资源集中分布的地区。人为集中干扰,改变了原有的地形条件,使非泥石流沟转变为泥石流沟,泥石流少发区演化为泥石流多发区。在采煤矿山泥石流形成、演化的一系列过程中自始至终是在人为干涉作用下进行的。因而采煤矿山泥石流又称为煤矿山人为泥石流。

7.1.2　矿山泥石流的分类

矿山泥石流分类不仅反映了泥石流学科研究深度和完善程度,展示泥石流的发展方向,而且是制定泥石流防治规划和具体防护措施的理论依据。这种泥石流分类的出发点是在泥石流众多的形成条件中,选定一个主要作用的条件。这个条件不仅决定着泥石流规模的大小,而且还控制着泥石流发生与否,以及今后的发展趋向。

7.1.2.1　按降雨强度分类

降雨型矿山泥石流是指以降雨为水体来源,以采煤和矿山建设的弃土、石渣松散堆积物为固体物质来源形成的泥石流。水文气象条件是此类泥石流形成过程中一个最活跃的部分。

降雨型泥石流又可分为暴雨型泥石流、台风型泥石流、降雨型泥石流 3 个类型。前两类是指达到暴雨标准或台风过境时在煤矿发生的泥石流;而降雨型泥石流是指无须达到暴雨标准亦可在煤矿发生的泥石流。例如,我国山西的矿山多发生暴雨型泥石流,这一地域多属半干旱和温带山区,降雨的时空分布较集中,而松散固体物质储备须有一个积累过程,前期饱水条件也不充分,故此往往需要达到暴雨标准才可能成泥石流。

7.1.2.2　按泥石流流域沟谷形态分类

由于各个泥石流沟所处的地质构造、岩性和地形部位不同,其流域轮廓和沟谷形态差别甚大,从而导致泥石流爆发规模、活动特征、危害范围和破坏强度的差异。按煤矿所在的泥石流流域沟谷形态将泥石流分为沟谷型泥石流和山坡型泥石流。

（1）沟谷型泥石流

自然沟道因沟内堆积物有多种类型的松散体,在暴雨时暴发而形成的泥石流。这是发育比较完整的泥石流沟。流域轮廓清晰,多呈瓢形、长条形或树枝状,流域面积以 5～50 km² 居多,能明显地区分泥石流形成区、流通区和堆积区。

（2）山坡型泥石流

发育在矿区坡面上的小型泥石流。流域面积一般不超过 2 km²，流域轮廓呈哑铃形（即上下两头大，中间短小），没有明显的流通区、形成区和堆积区相贯通，形成坡度极陡，沟坡和山坡几乎一致，重力侵蚀和坡面侵蚀交织在一起。由于汇水面积小，松散固体物质补给充分，故多形成黏性泥石流。与沟谷型泥石流相比较，山坡型泥石流的规模小，流程短，来势猛，淤积快，堆积扇坡度大，呈针形，危害范围虽小于沟谷型泥石流的，但破坏强度不容忽视。

7.1.2.3　按泥石流流体物质组成分类

根据泥石流暴发动力和松散体堆积部位的关系，可将矿山泥石流分为：① 矿山排土弃渣堵沟体溃决而形成的泥石流；② 矿山弃渣分散存于沟谷源头而形成沟谷型泥石流；③ 排土场滑塌而形成的滑坡型泥石流；④ 矿山排土场坡面上发育的坡面型泥石流。

7.1.2.4　按泥石流流体性质分类

一般来说，按流体性质可以分为稀性泥石流、黏性泥石流以及介于这两者之间的过渡性泥石流，见表 7-1。

表 7-1　泥石流特征值及其类型

类型 ＼ 特征值	$\gamma_C/(kN/m^3)$	$\tau_B/(mg/cm^2)$	$\eta/$泊	流态特征
稀性泥石流	15～18	40～100	0～5	紊动强烈
过渡性泥石流	18～20	100～250	5～10	紊动较强烈
黏性泥石流	＞20	＞250	＞19	紊动微弱

7.1.3　矿山泥石流的基本特点

7.1.3.1　矿山泥石流的分布特征

矿山泥石流的分布是随着煤炭资源的集中分布情况，以及人类开发资源工程技术的发展情况而变化的。就矿山泥石流的形成来讲，泥石流是人为作用所致。人类活动的经济区位特点决定了矿山泥石流的分布规律。由于修交通线路而导致的矿山泥石流多呈线状分布。大量排放矿渣、露天采矿剥离物而诱发的泥石流呈块状成群分布。

7.1.3.2　矿山泥石流的规模

矿山泥石流的发生部位主要是坡地和沟道。坡面上发生的泥石流主要是指弃土、石、渣的渣山上和松散土体的堆积坡面，其规模以坡面长度而定，但最大面积也不过几十到几百平方米。发生在沟道的泥石流大部分是由原先的冲沟、老冲沟、切沟等，经过修路、采矿等，改变了原来的形状，堆积了大量的、松散的弃土、石、渣，使其畸变所致，因而，其面积均小于 2 km²。矿山泥石流虽然其规模小，但密度很大，集中性很强。矿山泥石流形成区比较大而面积小，有利于暴雨径流的汇集。

7.1.3.3　矿山泥石流的形成过程

由于矿山泥石流的物质来源主要是采煤和矿山建设的弃土、石、渣，是属于典型的松散介质。松散体遇水易启动，造成的侵蚀量大，易形成泥石流。矿山泥石流沟规模小，泥石流过程变化简单，沿途固体松散物一次性补给，迅速搬运。

7.1.3.4　矿山泥石流的暴发频率和危害性

矿山泥石流的易启动性,松散体堆积的集中性,决定了其暴发频率高。矿山泥石流分布是以矿区为中心,资源外运的交通线路为辐射线。泥石流直接面临交通线路、矿区周边和居民区附近。泥石流冲出沟口直冲交通线路、居民区、矿坑等,造成的灾情严重。

7.1.3.5　矿山泥石流的易防性和易预测性

矿山泥石流起源人类活动,从而决定了它的人为性。这是矿山泥石流不同于自然泥石流的根本所在。矿山泥石流是人为开发利用煤炭资源过程中忽略环境问题的后遗症之一。所以说矿山泥石流是易防和易预测的。

7.2　矿山泥石流形成机理

7.2.1　矿山泥石流形成的基本要素

一般来说,矿山泥石流的组成物质成分是水体和岩石破坏产物(大石块、沙粒、粉粒与黏粒)。矿山泥石流作为一种地质灾害,其形成与自然泥石流一样,需要 3 个基本因素。

① 在矿山所在流域内,坡地上或沟谷内有数量足够的岩石破坏产物(它可能成为泥石流固相物质)。若流域内的洪流沿其沟谷所能夹带的松散碎屑物质体量极微,则不是固体物质饱和度高的泥石流(固体物质含量至少为 $10\%\sim15\%$),而是固体物质饱和度低的一般山地洪流。

② 有数量足够的水体(径流)。水体对松散碎屑物质有片蚀作用,或是使松散碎屑物质沿河床产生运移和移动。松散碎屑物质一旦与水体相结合,即确保了松散碎屑物质做常规流那样的运动。要是没有相当数量的水体,即使松散物质存在,也不能形成泥石流。

③ 有切割强烈的山地地形。山地地形一旦遭受强烈切割,地形坡度、坡地坡度和河床纵坡就会很陡峻,即确保了水土之浆体做快速同步运动。因此山地地形决定着泥石流现象的规模和运动状态。

7.2.2　矿山泥石流形成的主要影响因素

7.2.2.1　地质条件

某一煤矿山流域内,坡地上或沟谷内能为泥石流的发生提供足够数量的松散固体物质(它可能成为泥石流固相物质)的地质条件包括:

(1) 构造和岩性

从各矿山泥石流沟的地质条件来看,凡泥石流十分活跃的地方,都是地质构造复杂、断裂褶皱发育、新构造运动强烈、地震烈度大的地区。地表岩层破碎,各种不良地质现象(如山崩、滑坡、崩塌和错落等)层出不穷,为矿山泥石流提供丰富的固体物质来源。

在地质构造的控制下,岩性与泥石流的形成也很有关系。软硬相间或软弱的岩层更容易遭破坏,从而为泥石流提供足够数量的松散固体物质。由于岩性的不同,岩石遭受的破坏方式也不同。例如,页岩、泥岩、片岩等与花岗岩、大理岩、石灰岩、砾岩等地区的风化作用所表现的形式是很不相同的,因而所形成泥石流的程度也就不同。

(2) 地震和新构造运动

地震活动是现代地壳活动最明显的反应。在地震强烈作用的情况下,山体稳定性遭受破坏,岩层破裂,引起山崩地裂或滑坡坍塌。在强烈地震之后,往往出现这种情况:正在活动的泥石流沟,泥石流暴发的次数增多,规模变大;已稳定的泥石流沟重新复活,再度发生泥石流;而原来不完全具备形成泥石流的沟谷也可能突然暴发泥石流。

新构造运动可引起矿山泥石流沟床纵坡的相应变化,从而起到加速或抑制泥石流的作用。在新构造强烈的地区,由于山的急剧上升,谷地相应地强烈下切,造成河谷相对高差越来越大,山高沟深,谷地两侧支沟短小,纵坡极陡,这种地形对泥石流的发展是十分有利的。

(3) 不良地质作用

不良地质现象包括自然及采煤引起的山崩、滑坡、崩塌和错落等,这是矿山泥石流固体物质的直接来源。不良地质的发生发展过程往往也是泥石流的发生发展过程。

7.2.2.2 山地地形条件

矿山泥石流流域地形特征简单地说是山高沟深,地势陡峻,沟床纵坡比降大,流域形状便于水流的汇集等。完整泥石流流域的上游(形成区)多为三面环山,一面出口的瓢状或斗状围谷。这样的地形既有利于承受来自周围的固体物质,又有利于集中水流。山坡坡度多为30°~60°,坡面侵蚀及风化作用强烈,植物生长不良,山体光秃破碎,沟道狭窄,在严重的塌方地段,沟谷断面呈V形。完整泥石流流域的中游,在地形上多为狭窄而幽深的峡谷。谷壁陡峻(坡度在20°~40°),谷床狭窄,总比降大,沟谷横断面呈U形。完整泥石流流域的下游,一般位于山口以外的大河谷地两侧,多呈扇形或锥形,是泥石流的堆积区。

7.2.2.3 水文气象条件

水是矿山泥石流的组成不可或缺部分,而且是泥石流的搬运介质。从泥石流形成过程看,水的作用主要表现在两个方面:① 对固体物质的浸润饱和作用。泥石流流域固体物质的储存地区,往往是各种水源的汇集区,从而使固体物质得以大量充水,达到饱和状态。物质结构破坏,摩擦力减小,滑动力增加,处于塑化状态,从而为泥石流的产生创造了有利条件。② 对固体物质的侧蚀掏挖作用。主要是指降水或冰雪融化所形成的径流对地面的线状下切作用。泥石流流域的上、中游地段,湍急的水流从底部侧蚀掏挖沟坡固体物质,使其边坡坡度变化大甚至处于悬空状态,发生坍塌滑坡,崩落下来的固体物质借助于陡峻的沟床,在急流的推冲下形成泥石流。

7.2.2.4 植物因素在泥石流形成中的作用

一般地说,坡地上长有根系发达而树冠郁葱的乔木林的矿山山地汇流区,就无暴发泥石流的危险。树木根系本身能固结土壤,使土壤免遭破坏。树冠、草本植物和枯枝落叶层保护着基岩,免遭冲刷和日光作用。因而基岩受侵蚀作用和物理风化作用锐减。树冠本身遮挡了大部分降水,有助于削减径流量,并能分散汇流时间。枯枝落叶层能降低土壤的透水性。树林能堵住某些漂石和碎石的运动路径,甚至阻断泥石流流路。

7.2.2.5 土壤土体因素所起的作用

在产生泥石流的矿山坡地上,有无土壤和坡积土层覆盖也影响到泥石流冲出物的成分。若产生泥石流坡地上有土壤和土层覆盖者,泥石流冲出物成分中将含有一定数量的分散细粒物质(黏粒、沙粒和粉粒)。若产生泥石流的坡地上无土壤和土层覆盖而光秃者,泥石流固相物质则将主要是粗粒碎屑物质。

7.2.2.6　人类活动对泥石流形成的影响

在矿山建设和采煤活动中,就可能由于破坏地表原有结构,造成山坡水土流失,山体某个部分失去平衡,产生大面积坍塌、滑坡,加上采矿弃渣,提供了大量固体物质,形成泥石流,或使已稳定的泥石流沟复活,向恶化方向发展。

7.2.3　矿山泥石流形成机理

7.2.3.1　矿山泥石流的物质来源

（1）废石矿渣直接补给

直接补给是指采煤、修路等所导致的人为固体松散堆积物。其主要有:① 露天采煤剥采过程中提供的松散堆积物;② 矿井建设排放弃渣;③ 废弃的煤矸石排放堆积物。

（2）矿山建设及生产造成的间接补给

在矿区建设和煤炭资源开发过程中,除直接造成大量的弃土石渣外,更为严重的是破坏了原有的地形,加大了地形坡度,使土壤侵蚀加重。另外,下部煤层开采使坡体发生崩塌、滑坡等,增加了泥石流物源的补给量。

7.2.3.2　矿山泥石流的水动力条件

一方面,水体是泥石流物质的组成部分。泥石流为固液两相流体,液相物质就是水。另一方面,在汇流过程中水体又是泥石流运动的动力条件。只有形成强大的径流,才能挟带大量的土石运动并融合为泥石流。

7.2.3.3　矿山泥石流的起动机理

矿山泥石流形成是在一定的物源条件和水源条件,达到一定的临界状态,构成泥石流起动的动力条件才形成的。对于矿山泥石流,其动力条件较一般自然泥石流有所加强,其主要表现在:① 采煤加大了沟床坡度使山坡变陡,地面高差增大,从而加强了侵蚀能力。② 大量矿渣废石的堆放,使沟床压缩,增大流深和流速,也就增强了流体的动力和冲刷力。③ 堆放矿渣造成沟道堵塞,水土不断积聚,增大了位能。

7.3　矿山泥石流调查

7.3.1　矿山泥石流调查要素

7.3.1.1　自然地理调查

（1）地形地貌

量测矿山流域形状、流域面积、主沟长度、沟床比降、流域高差、谷坡坡度、沟谷纵横断面形状、水系结构和沟谷密度等地形要素。确定流域内最大地形高差,上、中、下游各沟段沟谷与山脊的平均高差,山坡最大、最小及平均坡度,各种坡度级别所占的面积比率;分析地形地貌与泥石流活动之间的内在联系,确定地貌发育演变历史及泥石流活动的发育阶段。

（2）气象

主要收集或观察各种降水、气温资料。降水资料主要包括多年平均降水量、降水年际变化率、年内降水量分配、年降水日数、降水地区变异系数和最大降水强度,尤其是与爆发泥石流密切相关的暴雨日数及其出现频率、典型时段的最大降水量及多年平均小时降雨量。调查气温及蒸发的年际变化、年内变化以及沿垂直带的变化,降水的年内变化及随高度的变化,最大暴雨强度及年降水量等。调查历次泥石流发生时间、次数、规模大小次序,泥石流泥位标高。

（3）水文

收集或推算各种流量、径流特性、主河及下游高一级大河水文特征等数据。

（4）植被调查

调查矿区沟域土地类型、植物组成和分布规律,了解主要树、草种作物的生物学特性,确定各地段植被覆盖程度,圈定出植被严重破坏区。

7.3.1.2　流域调查

（1）形成区

调查地势高低,流域最高处的高程,山坡稳定性,沟谷发育程度,冲沟切割深度、宽度、形状和密度,流域内植被覆盖程度,植物类别及分布状况,水土流失的情况等。

（2）流通区

调查流通区的长度、宽度、坡度,沟床切割情况、形态、平剖面变化,沟谷冲、淤均衡坡度,阻塞地段石块堆积,以及跌水、急弯、卡口情况等。

（3）堆积区

调查堆积区形态、面积大小,堆积过程、速度、厚度、长度、层次、结构,颗粒级别、坚实程度、磨圆程度,堆积扇的纵横坡度,扇顶、扇腰及扇线位置,堆积扇发展趋势等。

7.3.1.3　地质调查

（1）地层岩性

查阅区域地质图或者现场调查流域内分布的地层及其岩性,尤其是易形成松散固体物质的第四系地层和软质岩层的分布与性质。

（2）地质构造

查阅区域构造图或现场调查流域内断层的分布与性质、断层破碎带的性质与宽度、褶曲的分布及岩层产状,统计各种结构面的方位与频度。确定流域在地质构造图上的位置,重点调查研究新构造对地形地貌、松散固体物质形成和分布的控制作用,阐明与泥石流活动的关系。

（3）新构造运动与地震

从区域地质构造及流域地貌分析新构造运动特性,从《1∶400 万中国地震烈度区划图》查知地震基本烈度。收集历史资料和未来地震活动趋势资料,分析研究可能对泥石流的触发作用。

（4）不良地质体与松散固体物质

调查流域内不良地质体与松散固体物源的位置、储量和补给形式。重点对泥石流形成提供松散固体物质来源的易风化软弱层、构造破碎带,第四系的分布状况和岩性特征进行调查,并分析其主要来源区。

（5）水文地质

调查地下水尤其是第四系潜水及其出露情况,岩溶负地形及消水能力。

7.3.1.4　人为活动调查

① 泥石流活动范围内人类生产、生活设施状况,特别是沟口、泥石流扇上居民点及工农

业相关基础设施、泥石流沟槽挤占情况。

② 水土流失：主要调查植被破坏、毁林开荒、陡坡垦殖、煤矸石堆积等造成的水土流失。

③ 弃土弃渣：主要调查采矿弃土弃石和矿山建设弃渣及其挡渣措施。

④ 人类工程经济活动调查：主要调查矿区各类工程建设所产生的固体废弃物（矿山尾矿、工程弃渣、弃土、垃圾）的分布、数量、堆放形式、特性，了解可能因暴雨、山洪引发泥石流的地段和参与泥石流的数量及一次性补给的可能数量。

7.3.2　矿山泥石流过程的实地调查

矿山泥石流过程的实地观测主要是测定泥石流的运动特性、力学性质和有关参数，研究泥石流发生、发展、冲淤的动态变化过程。物质、地形、动力条件是泥石流形成的 3 大基本要素，泥石流冲出物堆积场所、堆积形态的变化是泥石流过程的最直观的证据。因此，矿山泥石流过程的实测相应可分为 4 个方面，即物源变化的动态观测，地形条件的动态观测，水动力条件的动态观测和堆积过程的动态观测。

根据区域的实际情况，分段设置观测断面。在泥石流形成区主要观测泥石流物源地松散体起动方式、物质动态变化特征；用气象、水文来确定泥石流暴发动力条件的动态变化，水、土、石、渣的混合过程；在泥石流流通区的观测断面，测量流体的深度、宽度、流速、流量、总方量、冲击力和地声等，分析流体的成分、组构、性质和运动参数之间的关系；在堆积区的观测断面，观测泥石流各次各类型泥石流堆积空间的变化和相互关系，确定泥石流堆积速度及其在实践上的变化，进而追溯泥石流的发展历史和推测泥石流堆积规模的扩展趋势。

7.3.3　矿山泥石流活动性调查

（1）调查水的动力类型

矿山泥石流的诱发因素包括暴雨型、水体溃决型等。降雨型主要收集当地暴雨强度、前期降雨量、一次最大降雨量等。水体溃决型主要调查因水库等溃决而外泄的最大流量及地下水活动情况。

（2）堆积扇

调查泥石流堆积扇的分布、形态、规模、扇面坡度、物质组成、植被、新老扇的组合及与主河（主沟）的关系，堆积扇体的变化，扇上沟道排泄能力及沟道变迁，主河堵溃后上、下游的水毁灾害。

（3）既有防治工程

调查既有泥石流防治工程的类型、规模、结构、使用效果、损毁情况及损毁原因。

（4）泥石流的危害性

① 调查了解历次泥石流残留在沟道中的各种痕迹和堆积物特征，推断其活动历史、期次、规模，目前所处发育阶段。调查了解泥石流危害的对象、危害形式（淤埋和漫流、冲刷和磨蚀、撞击和爬高、堵塞或挤压河道）。初步圈定泥石流可能危害的地区，分析预测今后一定时期内泥石流的发展趋势和可能造成的危害。

② 灾害损失：调查每次泥石流危害的对象，造成的人员伤亡、财产损失，估算间接经济损失，评估对当地社会、经济的影响；预测今后可能造成的危害。估计受潜在泥石流威胁的

对象、范围和程度;按预测的危险区评估其危害性。

7.4　矿山泥石流预测

　　矿山泥石流的形成、治理、减少都与人的活动密切相关,是可以通过人的作用来调节的。自然泥石流是客观的自然现象。人类只能对其被动地防治,而不能干预其是否产生。鉴于煤矿山泥石流的这一特点,认真分析预测,科学治理泥石流是完全可以的。

7.4.1　矿山泥石流发生的物源预测

　　松散固体物质是泥石流形成的物质基础和必要前提。松散固体物质储量是评判和预测泥石流活动的主要指标之一。洪水转化为泥石流,流体容重必须达到较高的临界值,这说明沟床内松散固体物质聚集量越大,形成泥石流的概率越大。流域内提供松散固体物质的主要途径包括采煤过程中的弃土、石、渣,交通建设、矿区配套设施建设对边坡稳定性破坏造成的崩塌、滑坡,沟床内的坡面侵蚀物等。必须加强对煤矿山泥石流物源预测。

7.4.2　矿山泥石流发生的降雨组成

7.4.2.1　形成泥石流的降雨组成

　　① 间接前期降雨。发生本次泥石流降雨开始时刻前 n 天泥石流沟内的降雨量。

　　② 直接前期降雨。当场降雨中激发泥石流的短历时雨强前的降雨。

　　③ 激发雨量(强)。激发泥石流启动的短历时强降雨,常选取 1 h 雨强或 10 min 雨强。

　　④ 发生雨量。从泥石流发生当次降雨开始到泥石流发生时刻为止的降雨量,这是泥石流形成的主体供水。

　　⑤ 有效雨量。从本次降雨开始到泥石流结束时的降雨。泥石流启动以后的降雨对泥石流形成作用不大,但它能增大泥石流的规模和历时。

　　⑥ 无效降雨。泥石流过程结束以后的本次后续降雨。

　　⑦ 前期降雨。由间接前期降雨、直接前期降雨和短历时激发雨量构成。

　　泥石流形成的降雨预报指标多选用发生雨量、激发雨强和间接前期降雨。由于泥石流发生的山区,常常难以精确确定发生雨量,因而常用日雨量取代发生雨量。

7.4.2.2　前期降雨在泥石流形成中的作用

　　泥石流暴发取决于短历时雨强和前期土体含水状况等因素。而泥石流暴发所需要的短历时雨强的大小,与泥石流暴发前补给物质的前期含水状况有关。前期降雨越大,补给物质就越接近饱和,泥石流暴发所要求的短历时雨强就越小。

　　从泥石流启动过程看,一场降雨开始后,由于土体吸水率很大,降雨全部渗入土壤。随着降雨的继续,表层土体达到饱和,地表产生积水,导致排水不畅。土体内孔隙水无法自由排泄,孔隙水压力剧增,土体的抗剪强度削减。在后续高强度降雨作用下,土体受到短历时雨强激发而形成泥石流。若没有相当强度的降雨条件,则降雨在土体中持续下渗,使土体整体含水量达到某一水平,为下一次降雨激发泥石流做准备。可见,前期降雨对泥石流形成的贡献比较大,短历时雨强主要起到激发作用。

　　根据相关研究,坡面坍塌所需降雨量明显受土体前期含水量的影响,前期降雨可以降低滑坡滑动面抗剪强度。因此,不同的前期降雨可使相当数量的补给物质处于失稳状态,为后续降雨激发泥石流提供物质准备。对于泥石流暴发前土体所接受的降雨对泥石流形成是一个较为重要的因子。

7.4.2.3　前期降雨对激发泥石流短历时雨强的影响

间接前期降雨、直接前期降雨和激发雨量三者的效果是不一样的。间接前期降雨使土体具有较高的含水量,在改变泥石流补给物质稳定状态的作用中占主导地位。直接前期降雨则起到使土体进一步失稳的作用,在后续短历时雨强的激发下形成泥石流。

饱和土体在短历时雨强的激发下可以形成泥石流。不饱和的土体也有可能因为高强度的降雨,使其内部应力超过临界条件而产生滑动,进而失稳形成泥石流。这两种情况下激发短历时雨强的大小有较大差异。对泥石流补给物质而言,间接前期降雨可以使其处于饱和与不饱和两种不同状态。直接前期降雨则可以使表层土体达到饱和状态。在形成泥石流过程中,对于激发饱和土体的短历时雨强较激发不饱和土体的雨强要小。

7.4.2.4　前期降雨对泥石流形成贡献的评估

一般而言,要产生泥石流必须使得土体达到一定的含水量。间接前期降雨和直接前期降雨正是通过使土体含水量增加,抗剪强度减小,改变土体稳定状态,而对泥石流的形成起作用。短历时雨强的激发作用虽然重要,但如果土体不具备一定的含水量,仅靠 1 h 雨强的激发作用一般来说是难以产生泥石流的。仅仅依靠间接前期降雨和直接前期降雨使泥石流发生也相当困难。

7.4.3　矿山泥石流活动性预测

7.4.3.1　泥石流活动性预测

（1）区域泥石流活动性预测

① 区域降雨强度指标的计算。

降雨强度指标(R)计算公式为:

$$R = K\left[\frac{H_{24}}{H_{24(D)}} + \frac{H_1}{H_{1(D)}} + \frac{H_{1/6}}{H_{1/6(D)}}\right] \tag{7-1}$$

式中,K 为前期降雨量修正系数,无前期降雨时 $K=1$,有前期降雨时 $K>1$,由于没有可信的成果可供应用,暂时假定 $K=1.1\sim1.2$;H_{24} 为 24 h 最大降雨量,单位 mm;$H_{24(D)}$ 为该地区可能发生泥石流的 24 h 临界雨量,单位 mm;H_1 为 1 h 最大降雨量,单位 mm;$H_{1(D)}$ 为该地区可能发生泥石流的 1 h 临界雨量,单位 mm;$H_{1/6}$ 为 10 min 最大降雨量,单位 mm;$H_{1/6(D)}$ 为该地区可能发生泥石流的 10 min 临界雨量,单位 mm。$H_{24(D)}$、$H_{1(D)}$、$H_{1/6(D)}$ 雨量临界值按全国各地年平均降雨量进行四级分区($>1\,200$ mm,$800\sim1\,200$ mm,$500\sim800$ mm,<500 mm)。可能发生泥石流的 $H_{24(D)}$、$H_{1(D)}$、$H_{1/6(D)}$ 的临界值见表 7-2。

根据统计和综合分析结果:$R<3.1$,安全雨情;$R\geq3.1$,可能发生泥石流的雨情;$R=3.1\sim4.2$,泥石流发生概率小于 0.2;$R=4.2\sim10$,泥石流发生概率为 0.2～0.8;$R>10$,泥石流发生概率大于 0.8。

表 7-2　　　　　　可能发生泥石流的 $H_{24(D)}$、$H_{1(D)}$、$H_{1/6(D)}$ 的临界值

年均降雨分区/mm	$H_{24(D)}$/mm	$H_{1(D)}$/mm	$H_{1/6(D)}$/mm	代表地区
>1 200	100	40	12	浙江、福建、台湾、广东、广西、江西等山区
800～1 200	60	20	10	四川、贵州、云南东部和中部、陕西南部、山西东部、内蒙古、黑龙江、吉林、辽宁西部、河北北部、西部等山区
500～800	30	15	6	陕西北部、甘肃、内蒙古、宁夏、山西、西藏、四川、新疆等山区
<500	25	15	5	青海、新疆、西藏及甘肃、宁夏的黄河以西地区

② 区域泥石流活动性评判方法。

根据对暴雨资料的统计分析，按 24 h 雨量等值线图分区，并结合该区泥石流形成的相关地质环境条件进行区域性泥石流活动综合评判量化，按表 7-3 中的项目进行统计分析，确定泥石流活动性。

表 7-3　　　　　　　　区域性泥石流活动综合评判量化表

序号：			地区名：		地区：		H_{24}：	
地面条件类型	极易活动区	评分	易活动区	评分	轻微活动区	评分	不易活动区	评分
综合雨情	$R>10$	4	$R=4.2～10$	3	$R=3.1～4.2$	2	$R<2.1$	1
阶梯地形	两个阶梯的连续地带	4	阶梯内中高	3		2		1
构造活动影响	大	4	中	3	小	2	无	1
地震	$M_s \geq 7$ 级	4	$M_s=5～7$ 级	3	$M_s<5$ 级	2	无	1
岩性	软岩、黄土	4	软、硬相间	3	风华和节理发育的硬岩	2	质地良好的硬岩	1
松散物质及人类不合理活动 /($\times10^4 m^3/km^2$)	很丰富>10	4	丰富 5～10	3	较少 1～5	2	少<1	1
植被覆盖率	<10%	4	10%～30%	3	30%～60%	2	>60%	1

③ 泥石流活动性量化分级标准。

（a）极易活动区：总分 22～28 分。

（b）易活动区：总分 15～21 分。

（c）轻微活动区：总分 8～14 分。

（d）不易活动区：总分小于 8 分。

（2）泥石流的活动性

泥石流的活动性可以按表 7-4 进行判断。

表 7-4　　　　　　　　　　　**泥石流的活动强度判别表**

活动性	堆积扇规模	主河河型变化	主流偏移程度	泥沙补给长度比/%	松散物储量/(×10⁴m³/km²)	松散体变形量	暴雨强度指标 R
很强	很大	被逼弯	弯曲	>60	>10	很大	>10
强	较大	微弯	偏移	30～60	5～10	较大	4.2～10
较强	较小	无变化	大水偏	10～30	1～5	较小	3.1～4.2
弱	小或无	无变化	不偏	<10	<1	小或无	<3.1

7.4.3.2　泥石流沟易发程度判定

根据泥石流沟易发程度数量化评分表(表 7-5),对具体的泥石流沟谷进行综合分析评价并打分。

表 7-5　　　　　　　　　　　**泥石流沟易发程度数量化评分表**

序号	影响因素	量级划分							
		极易发(A)	得分	中等易发(B)	得分	轻度易发(C)	得分	不易发生(D)	得分
1	崩塌、滑坡及水土流失(自然和人为活动的)严重程度	崩塌、滑坡等重力侵蚀严重,多层滑坡和大型崩塌,表土输送,冲沟十分发源	21	崩塌、滑坡发育,多层滑坡和中小型崩坍,与零星植被覆盖冲沟发育	16	有零星崩坍、滑坡和冲沟存在	12	无崩坍、滑坡、冲沟或发育轻微	1
2	泥沙沿程补给长度比	>60%	16	30%～60%	12	10%～30%	8	<10%	1
3	沟口泥石流堆积活动	主河河型弯曲或堵塞,主流受挤压偏移	14	主河河型无大变化,仅主流受迫便利	11	主河河型无变化,主流在高水位时偏,低水位时不偏	7	主河无河型变化,主流不偏	1
4	河沟坡度	>12°	12	6°～12°	9	3°～6°	6	<3°	1
5	区域构造影响程度	强抬升区,6级以上地震区,断层破碎带	9	抬升区,4～6级地震区,有中小支断层	7	相对稳定区,4级以下地震区,有小断层	5	沉降区,构造影响小或无影响	1
6	流域植被覆盖率	<10%	9	10%～30%	7	30%～60%	5	>60%	1

表 7-5（续）

序号	影响因素	量级划分							
		极易发（A）	得分	中等易发（B）	得分	轻度易发（C）	得分	不易发生（D）	得分
7	河沟近期一次变幅/m	>2	8	1～2	6	0.2～1	4	0.2	1
8	岩性影响	软岩、黄土	6	软硬相间	5	风化强烈和节理发育的硬岩	4	硬岩	1
9	岩沟松散物质储量/（10^4 m^3/km^2）	>10	6	5～10	5	1～5	4	<1	1
10	沟岸山坡坡度	>32°	6	25°～32°	5	15°～25°	4	<15°	1
11	产沙区沟槽横断面	V 形、U 形、谷中谷	5	宽 U 形谷	4	复式断面	3	平坦型	1
12	产沙区松散物质平均厚度/m	>10	5	5～10	4	1～5	3	<1	1
13	流域面积/km^2	0.2～5	5	5～10	4	10～100	3	>100	1
14	流域相对高差/m	>500	4	300～500	3	100～300	2	<100	1
15	河沟堵塞程度	严重	4	中等	3	轻微	2	无	1

依据表 7-5 进行打分，所得总分依据泥石流沟易发程度数量化综合评判等级标准（见表 7-6）预测矿山泥石流的易发程度。

表 7-6　　　　　　　泥石流沟易发程度数量化综合评判等级标准表

是与非的判别界限值		划分易发程度等级的界限值	
等级	标准得分 N 的范围	等级	按标准得分 N 的范围自判
是	44～130	极易发	116～130
		易发	87～115
		轻度易发	44～86
非	15～43	不发生	15～43

7.4.4　矿山泥石流危险度评价

矿山泥石流的危险程度简称危险度，是指有遭到矿山泥石流损害的可能性大小，是一个概率概念。因此危险度只能在[0,1]闭区间内取值。对某一矿山沟谷来说，危险度是指在该沟谷流域内所存在的一切人和物可能会遭到泥石流损害的可能性大小。

在泥石流危险性评价中，所选评价因子既要考虑评价因子的科学性、代表性，还要考虑评价因子数据的可获得性。层次分析法、灰色关联分析法、模糊综合评判法、BP 神经网络等数学模型都是处理各评价因子之间非线性问题的有力手段，对泥石流灾害危险性系统有一定的分析与辨识能力。这些模型在泥石流危险性评价研究中具有广阔的前景。

7.4.5 泥石流风险度评价

矿山泥石流灾害风险性主要涉及两大因素,即发生泥石流的危险性和灾害发生后建筑物、构筑物对灾害的抗击能力。一个因素从预防灾害发生方面出发,另一个因素从建筑物的抗灾能力出发,从不同方面研究泥石流灾害,减少泥石流灾害的破坏程度。

① 流的综合致灾能力 F 按表 7-7 中 4 因素分级量化总分值判别。

(a) $F=13\sim16$ 时,综合致灾能力很强;

(b) $F=10\sim12$ 时,综合致灾能力强;

(c) $F=7\sim9$ 时,综合致灾能力较强;

(d) $F=4\sim6$ 时,综合致灾能力弱。

表 7-7　　　　　　　　　　致灾体的综合致灾能力分级量化表

活动性	很强	4	强	3	较强	2	弱	1
活动规模	很大型	4	大型	3	中型	2	小型	1
发生频率	极低频	4	低频	3	中频	2	高频	1
堵塞程度	严重	4	中等	3	轻微	2	无堵塞	1

② 受灾体(建筑物)的综合承(抗)灾能力 E 按表 7-8 中 4 因素分级量化总分值判别。

(a) $E=4\sim6$ 时,综合承(抗)灾能力很差;

(b) $E=7\sim9$ 时,综合承(抗)灾能力差;

(c) $E=10\sim12$ 时,综合承(抗)灾能力较好;

(d) $E=13\sim16$ 时,综合承(抗)灾能力好。

表 7-8　　　　　　　　受灾体(建筑物)的综合承(抗)灾能力分级量化表

设计标准	＜5 年一遇	1	5~10 年一遇	2	20~50 年一遇	3	＞50 年一遇	4
工程质量	较差,有严重隐患	1	合格,但有隐患	2	合格	3	良好	4
区位条件	极危险区	1	危险区	2	影响区	3	安全区	4
防治工程和辅助工程的工程效果	较差或工程失效	1	存在较大问题	2	存在部分问题	3	较好	4

7.5 矿山泥石流综合防治技术

7.5.1 矿山泥石流综合防治指导原则

矿山泥石流综合防治的目的是按照矿山泥石流的基本性质,采用多种工程措施和生物措施相结合,上、中、下游统一规划,山、水、林、田综合整治的方式,以制止泥石流的形成或减轻泥石流的危害。这是大规模、长时期、多方面协调一致的统一行动。对矿山泥石流的防治,一般宜采取"以防为主,以治为辅;统一规划,分期施工"的方针。防治泥石流的主要措施为"场上分水,场内稳坡,场下拦蓄"。矿山综合防治指导原则主要包括以下3个方面。

① 稳。主要是在泥石流形成区植树造林,在支、毛、冲沟中修建谷场,其目的在于增加地表植被、涵养水分、减缓暴雨径流对坡面的冲刷,增强坡体稳定性,抑制冲沟发展。

② 拦。主要是在沟谷中修建档坝,用以拦截泥石流下泄的固体物质,防止沟床继续下切,抬高局部侵蚀基准面,加快淤积速度,以稳住山坡坡脚,减缓沟床纵坡降,抑制泥石流的进一步发展。

③ 排。主要是修建排导建筑物,防止泥石流对下游居民区、道路和农田的危害。这是改造和利用堆积扇,发展农业生产的重要工程措施。

7.5.2 矿山泥石流的预防

预防矿山泥石流,最重要的一环是排土场的设计,而排土场场址的选择又是关键。

7.5.2.1 理选择排土场的位置

除了按一般原则合理选择排土场的位置外,应特别注意:

① 排土场与煤矿、工业设施、铁路、公路(或道路)、居住区以及水域、农田的相对位置关系,以防止排土场泥石流对其的威胁。

② 排土场应尽量避免设在地形陡峻、流水的河谷、汇水面积大的山冲、地表风化层和覆盖层较厚或有自然泥石流、阴河、溶洞的地带。

③ 排土场应尽量布设在河谷上游或二级、三级支沟内以及便于拦截的地方。

7.5.2.2 好上截下排的防排水(洪)工程

① 在排土场的上方设置截水(洪)沟,截走上部山坡和排土平台上的地表水,截断采场和排土道路的来水。

② 在排土场反坡处的排水沟的设置,应避免其坡脚处积水。

③ 与此同时,当岩土堆中有渗透水或泉水时,还要在排土场基底辅之以铺设盲沟或在坡脚处设置减压井。若基底以下有承压水时,减压井可以直通到下面的渗水基层以降低岩土堆中的水位。

7.5.2.3 因地制宜地修筑好拦挡(或拦截)坝

拦挡(或拦截)坝一般布设在排土场的坡脚和下部山谷沟道上。根据其不同的功能,主要可分为:

① 坡脚重力坝。它布设在排土场坡脚、坡面滑坡及滚石作用范围之外,一般离开坡脚100~200 m,以防止沟床下切,停止冲沟发育,稳定排土场的坡脚。

② 谷坊群。它布设在排土场基底和下部沟道上,防止沟床下切两岸引起崩塌,减缓泥石流流速,造成较大石块的停淤。谷坊群要形成群。布设谷坊群的沟道长一般为0.6~1.5 km。

③ 拦沙坝。它布置在坡脚和谷坊群以下沟谷较宽的地段。

④ 拦沙水库。在大型排土场下淤处,修建中小型拦沙水库,一方面可以防止排土场泥石流下淤危害农田;另一方面可以收到灌溉发电的经济效益,并且为处理酸性水创造了条件。另外,为了妥善地排导可能产生的泥石流,还需根据实际情况,与拦蓄工程上下结合,设置相应的泥石流排导沟和停淤场。

7.5.2.4 正确选择排土工艺,严格排土计划

① 地质条件复杂时,应正确选择排土工艺,使各排土环节有节奏地工作。山坡排土场高达 100 m 以上时,在很多情况下,在坚硬基岩上覆盖有冲积和坡积层的饱水黏土质岩石时,其稳定性差,因而高台阶排土场的稳定性也差。这时宜采用下列方法:采用自上而下的逆序排土,台阶高度小于 40～60 m;用大型迈步式挖掘机排土;用自卸汽车辅之以推土机排土。

② 排土场设置在倾斜的基底上时,可通过减小排土场台阶高度,改变排土工艺(建立超前排土场,用吊头挖掘机减缓边坡等),以及用爆破或机械法疏松基底岩石,以增加弱基底面摩擦力。

③ 排弃岩、土,必须有严格的计划。在排土作业过程中,应沿排土全线均衡地顺序堆排;要视岩、土性质按一定的岩土比混排或岩、土分排,不得在堆排中形成人工层理;基底应排弃易透水的大块岩石。

7.5.2.5 加强管理注重复垦和植被

① 排土场应有专职管理人员,甚至设置专门机构,同时建立起一整套行之有效的规章制度,加强观察和测试工作,以保证相应的计划和措施付诸实现,及时做好泥石流的防治工作。

② 排土场上部的森林、草丛,应加以保护培植。没有森林、草丛时,应大面积地进行绿化。当排土场停止使用后,场内(包括场面和坡面)应立即予以复垦,以恢复生态平衡。这对整治国土有着特别重要的意义。

7.5.3 矿山泥石流的防治措施

一旦矿山泥石流发生,则应立即深入现场实地进行考察,摸清其活动规律,再采取相应的措施,尽量予以补救,以求综合治理。同时,在防治中还要注意不断地总结经验教训,以提高防治水平和矿山的综合效益。

7.5.3.1 矿山泥石流的生物治理措施

泥石流生物治理是指以植物为手段,按泥石流发育的不同类型特征和分布特点,因地营造一系列组合不同、结构不一、功能各异的各种植物群落(如水源涵养林、水土保持林、固沟稳坡防冲林、护岸护滩林、经济林、生物谷坊和生物篱等)共同组成的一种以防止泥石流发生、发展与危害为目的的生物防护体系。其加上与人类社会经济活动密切相关的管理措施共同构成的生物生态环境工程系统,俗称生物治理工程。它有别于某一单一经济或观赏为目的而进行的绿化造林工作。这种生物治理工程可结合国土整治与土地的合理利用,以及改善山区经济开发和生态环境为目标,达到稳、保、用之目的。

(1)林业措施

植林造林是矿山山地水土保持和泥石流防治最有效的防治措施之一。植树造林应当根据当地的具体情况、自然社会经济、土壤植被条件以及水土流失状况和泥石流发生发展趋势,分别采取不同的造林和育林方式(如封山育林、飞播造林、人工造林等),尽快恢复和增加森林覆盖度,以防水土流失、稳定山体、控制泥石流发展为目的。

(2)农业措施

防治矿山泥石流的农业措施就是运用农业技术,合理利用和经营土地,增加土壤的吸水能力,使雨水就地入渗,以减少地表径流、土壤流失和冲刷作用;改良农业作物的种植形式和耕作方式,以及调整农业结构等,既可促使农业增产,又能改善水土流失状况。农业措施区域性很强,人为的因素很大,既要按照当地的自然条件,更要尊重当地的耕作习性,用科学的方法、实事求是的态度、全面的观点,达到开物成务的目的。

（3）牧业措施

对于光山秃岭和种有牧草的山坡,其地表径流与土壤流失量相差是明显的。所以保护和种植坡地植被,增加裸露地区草类覆盖面积,是控制冲沟发育、水土流失和不良地质体发展,遏制矿山泥石流发生的重要措施,也是山区发展畜牧业的基本条件。

7.5.3.2 矿山泥石流的工程防治措施

泥石流防治的工程措施是在泥石流的形成、流通、堆积区内,相应采取蓄水、引水工程,拦挡、支护工程,排导、引渡工程,停淤工程及改土护坡工程等,以控制泥石流的发生和危害。泥石流防治的工程措施通常适用于泥石流规模大,暴发不很频繁,松散固体物质补给及水动力条件相对集中,保护对象重要,要求防治标准高、见效快、一次性解决问题等情况。泥石流工程防治措施主有拦渣工程、淤积平台、排导工程等。

（1）泥石流拦渣工程

泥石流拦挡工程是防治矿山泥石流的一项主要工程措施。它是修建在泥石流沟上的一种横向拦挡建筑物,主要起拦泥石流固体物质而不拦挡泥石流浆体的作用,有泄洪、拦渣、调节、固床、稳坡和控制固体物质补给量与防止沟道下切及沟壑发展的功能。它是泥石流综合防治的先导工程,其有见效快、使用时间短的特点。

泥石流拦渣工程必须透水性要大,坝体坚固性要强,流水面防磨性要高,使用寿命要长。

泥石流拦渣坝的类型繁多,可以从几何形体、结构形式、受力状态、建筑材料、透水性能作用和施工方法等方面来分类。

（2）淤积平台

淤积平台主要是改善泥石流运动坡降,起到减缓泥石流流速、减小泥石流对下游构筑物冲击的作用。它一般是以几个平台的连续出现的形式设计。淤积平台一般要与相应的拦渣工程(泥石流排导工程、泥石流渡槽工程、泥石流拦渣工程)相配合。

（3）跨越工程

跨越工程是指修建桥梁、涵洞等。跨越工程从泥石流上方凌空跨越,让泥石流在其下方排泄。桥涵跨越是通过泥石流地区的主要工程形式。

（4）穿过工程

穿过工程是指修建隧道、明洞等。穿过工程从泥石流下方穿过,泥石流在其上方排泄。这是通过泥石流地区的又一种主要工程形式。

（5）防护工程

防护工程是指对泥石流地区的桥梁、隧道、路基。泥石流集中的山区、变迁型河流的沿河线路或其他重要工程设施应做一定的防护,用以抵御或消除泥石流对主体建筑物的冲刷、冲击、侧蚀和淤埋等。防护工程主要有护坡、挡墙、顺坝和丁坝等。

（6）排导工程

排导工程的作用是改善泥石流流势,增大桥梁等建筑物的泄洪能力,使泥石流按设计意图顺利排泄。

泥石流排导工程包括导流堤、急流槽和束流堤 3 种类型。导流堤的作用,主要是在于改善泥石流的流向,也改善流速。急流槽的作用,主要是改善流速,也改善流向。束流堤作用,主要是改善流向,防止漫流。导流堤和急流槽组合成排导槽,以改善泥石流在堆积扇上的流势和流向,让泥石流循着指定的道路排泄,不让其淤积。导流堤和束流堤组合成束导堤,可以防止泥石流漫流改道危害。

（7）拦挡工程

拦挡工程是用以控制组成泥石流的固体物质和雨洪径流,削弱泥石流的流量、下泄总量和能量,减少泥石流对下游经济建设工程的冲刷、撞击和淤积等危害的工程设施。拦挡工程包括拦渣坝、储淤场、支挡工程、截洪工程 4 类。前 3 类起拦渣、滞流、固坡作用,控制泥石流的固体物质供给。截洪工程的作用在于控制雨洪径流。

对于防治泥石流的工程措施,常需采取多种措施结合应用。最常见的有拦渣坝与急流槽相结合的拦排工程,导流堤、拦碴坝和急流槽相结合的拦排工程,拦渣坝、急流槽和渡槽相结合的明洞（或渡槽）工程等。防护工程也常与其他工程配合应用。多种工程措施配合使用,比单纯采用某一种工程措施要更为有效,也更为经济合理。

参 考 文 献

[1] 白中科.矿区土地复垦与生态重建[M].北京:中国农业科技出版社,2000.

[2] 程金泉.导水裂隙带发育高度研究[J].煤炭科技,2002(3):5-6.

[3] 国家煤炭工业局.建筑物、水体、铁路及主要井巷煤柱留设与压煤开采规程[M].北京:煤炭工业出版社,2000.

[4] 韩正明.采煤塌陷矿区土地整理模式研究[D].北京:中国农业大学,2004.

[5] 虎维岳,矿山水害防治理论与方法[M].北京:煤炭工业出版社,2005.

[6] 姬亚东.陕北煤矿区矿井水资源化及综合利用研究[J].地下水,2009,31(1):84-86.

[7] 康永华,黄福昌,席京德.综采重复开采的覆岩破坏规律[J].煤炭科学技术,2001,29(1):42-44.

[8] 郎咸民,许治国.矿山地质与灾害防治[M].北京:中国劳动社会保障出版社,2011.

[9] 李枝荣.采煤沉陷区土地复垦与生态恢复[M].北京:中国科学技术出版社,2007.

[10] 刘志军.承压水上采煤断层失稳突水的研究[D].太原:太原理工大学,2004.

[11] 马天辉,唐春安,蔡明.岩爆分析、监测与控制[M].大连:大连理工大学出版社,2014.

[12] 缪协兴,浦海,白海波.隔水关键层原理及其在保水采煤中的应用研究[J].中国矿业大学学报,2008,37(1):1-4.

[13] 任秀莲.试论矿井水资源的综合开发利用[J].能源技术与管理,2006(5):54-55.

[14] 申宝宏,孔庆军.综放工作面覆岩破坏规律的观测研究[J].煤田地质与勘探,2000,28(5):42-44.

[15] 孙泰森,白中科.大型露天煤矿废弃地生态重建的理论与方法[J].水土保持学报,2001,15(5):56-60.

[16] 孙文华.三下采煤新技术应用与煤柱留设及压煤开采规程实用手册[M].徐州:中国煤炭出版社,2005.

[17] 王连国,宋扬,缪协兴.基于尖点突变模型的煤层底板突水预测研究[J].岩石力学与工程学报,2003,22(4):573-577.

[18] 武强,董书宁,张志龙.矿井水害防治[M].徐州:中国矿业大学出版社,2010.

[19] 谢兴华,速宝玉,高延法,等.矿井底板突水的水力劈裂研究[J].岩石力学与工程学报,2005,24(6):987-993.

[20] 许家林,蔡东,傅昆岚.邻近松散承压含水层开采工作面压架机理与防治[J],煤炭学报,2007,32(12):1239-1243.

[21] 杨贵.综放开采导水裂隙带高度及预测方法研究[D].泰安:山东科技大学,2004.